无线通信技术与应用研究

刘洋　张颖慧　赵鑫　著

全国百佳图书出版单位
化学工业出版社
·北京·

内容简介

本书主要介绍无线通信领域的基础理论，并兼顾具体实际应用，包括无线通信系统分类与网络、无线信道与多址技术、功率控制与频率复用、短距离无线通信技术与长距离无线通信技术、无线通信技术在农业中的应用、无线通信技术在城市轨道交通中的应用、无线通信技术在智能电网中的应用。

全书结构逻辑清晰，通俗易懂、内容丰富。

本书可供从事物联网应用技术、电子信息工程、通信技术及其相关领域的读者学习参考。

图书在版编目(CIP)数据

无线通信技术与应用研究 / 刘洋，张颖慧，赵鑫著 .—北京：化学工业出版社，2022.11

ISBN 978-7-122-42529-4

Ⅰ.①无… Ⅱ.①刘… ②张… ③赵… Ⅲ.①无线电通信 - 研究 Ⅳ.① TN92

中国版本图书馆 CIP 数据核字 (2022) 第 209308 号

责任编辑：周　红　　　　装帧设计：溢思视觉设计 / 姚艺
责任校对：边　涛

出版发行：化学工业出版社（北京市东城区青年湖南街13号　邮政编码100011）
印　　装：北京科印技术咨询服务有限公司数码印刷分部
710mm×1000mm　1/16　印张10　字数186千字　2023年4月北京第1版第1次印刷

购书咨询：010-64518888　　售后服务：010-64518899
网　　址：http://www.cip.com.cn
凡购买本书，如有缺损质量问题，本社销售中心负责调换。

定　　价：88.00元

前言

无线通信是利用电磁波信号在空中传播信息的一种通信方式，近些年在信息通信领域中发展最快、应用最广的就是无线通信技术。无线通信技术在宽带无线接入领域、移动通信领域、卫星遥控遥测领域都有着广泛的应用。无线通信是以能够在任何地点之间传输和交换诸如文本、音频和图像之类的数据为发展目标的，并将个人化的通信模式、宽带的通信能力以及丰富的通信内容进行融合，是当前通信技术朝着宽带化、智能化和个人化发展的必然趋势。

基于此，本书以无线通信技术与应用为核心，在内容编排上共设置六章：第一章是无线通信技术原理，内容包括无线通信与网络结构、无线信道与多址技术、功率控制与频率复用；第二章研究短距离无线通信技术，主要包括蓝牙无线通信技术、ZigBee无线通信技术、WLAN无线通信技术、RFID无线通信技术；第三章围绕LTE长距离无线通信技术、LoRa长距离无线通信技术、NB-IoT长距离无线通信技术展开论述；第四章对农业物联网技术体系及其发展应用、农业田间智能灌溉系统无线自组网、基于ZigBee技术的智慧农业大棚系统进行分析；第五章探究无线集群通信技术、LTE-U技术在城市轨道交通车地通信中的应用、基于TD-LTE的城市轨道交通CBTC系统车地无线通信干扰抑制；第六章基于无线通信技术在智能电网中的应用视角，分析智能电网无线通信技术、光载无线技术在智能电网中的应用、智能电网系统应用及模型。

本书内容丰富，结构合理，逻辑清晰，全面分析了无线通信技术的基本理论、基本技术，并兼顾具体实际应用。在论述每种无线通信技术时，均采用循序渐进的方式，有助于引导读者在短时间内掌握无线通信技术及其组网技术的基本理论和研究方法，并为其应用提供了很好的技术参考，具有较强的操作性和实用性。

笔者在撰写本书的过程中，得到了许多专家、学者的帮助和指导，在此表示诚挚的谢意。由于笔者水平有限，加之时间仓促，书中所涉及的内容难免有疏漏之处，希望各位读者多提宝贵的意见，以便笔者进一步修改，使之更加完善。

著　者

目录

第五章　无线通信技术在城市轨道交通中的应用

第六章　无线通信技术在智能电网中的应用

参考文献

第一章　无线通信技术原理

随着无线技术的推广，其不但突破了传统技术在时间与空间上的局限，还方便人们的交流、互动，这在很大程度上促进了通信技术的发展。无线通信技术的发展是由传统通信形式不断创新而实现的，其不仅改善了通信应用形式的单一、覆盖范围小等问题，还满足了人们信息交流的多样化需求。正因如此，无线通信技术拥有极为广阔的发展前景。本章主要从无线通信与网络结构、无线信道与多址技术、功率控制与频率复用进行论述。

第一节　无线通信与网络结构

一、无线通信基本原理

无线通信是一种重要的通信方式，主要是对电磁波的辐射和传播作用进行利用，经过空间将信息传送出去。无线通信也是构成电信网的重要内容，其通信业务主要包括广播、电视节目和对包括传真、数据、电报、图像、电话等在内的信息进行传送，还在报警和遥控遥测中发挥重要作用，此外还涉及一些特种业务，如海上救援、雷达和导航。

无线通信的运转原理和流程主要是电荷发生作用会形成电场，电流发生作用会形成磁场，电荷和电流相互作用之后发生此消彼长的振动，使得周边环境的电场和磁场呈现出相互垂直的状态，并将电磁波以光速辐射向四周。电磁波传播在均匀介质中时，呈现出直线形式，而且与障碍物或不同介质相遇，电磁波便会发生一定的折射、绕射、极化偏转、反射、吸收等作用。要想利用无线电波向更远的距离传送信息，就要将电波的载体作用充分发挥出来，具体就是对电波的相位、幅度、频率进行变更，在载频上附加相关信息，这些过程分别叫作调相、调幅、调频，也可以用调制统一指代。在调制作用下，电波可以通过传输介质向接收地点进行传输，再提取出想要的信息进行还原，这个过程就是解调。最基本的无线通信系统由发射器、接收器和通常作为无线连接的信道组成。

二、无线通信系统分类

无线通信系统按工作方式，一般分为单工通信与双工通信两种：单工通信，指通信只有一个方向，即从发射器到接收器，广播系统即属此例，只不过它的每个发射器可对应多个接收器；另外一种方式则是双工通信，包括全双工和半双工两种。普通的电话即是全双工通信，当两个人通话时，可以同时说话和聆听对方说话。半双工通信则不要求在两个方向上同时进行通信，听和说无法同时进行，由于使用同一信道进行双向通信，因此节省了带宽。

以频段作为划分依据，无线通信主要包括短波通信、微波通信、长波通信、中波通信、超短波通信五种类型。

短波通信常被大家称作高频通信，传播方式以天波传播为主，在电离层会产生一次或多次的反射作用，传输距离可以达到万千米以上。简单的设备和较大的机动性是短波通信的优势，在抗灾通信和应急通信中发挥着重要的作用。

微波通信与超短波通信类似，可以进行长距离接力通信和大容量干线通信，还可传送彩色电视信号。微波按波长不同可分为分米波、厘米波、毫米波及亚毫米波，分别对应于特高频（0.3 ~ 3GHz）、超高频（3 ~ 30GHz）、极高频（30 ~ 300GHz）以及高频（300GHz ~ 3THz）。

长波通信或长波以上通信在水下通信、地下通信和导航、海上通信中经常使用，主要沿着地球表面的地波或地面和高空电离层之间产生的波导中进行传播。

中波通信在导航和广播中使用较多，由于传播时间不同，使用的传播方式也不同，白天的传播以地波为主，晚上的传播以电离层反射产生的天波为主，所以夜间能够向更远的距离传播。

超短波通信也是人们所说的视距通信，在移动通信和电视广播中使用较多，传播方式是直线传播，只能在50km的范围内进行传播。如果要使用超短波通信传输到更远的距离，则必须使用接力通信的方式，就是利用中继站进行分段传输。

三、无线通信网络

“伴随着社会的发展以及科学技术的不断进步，很多行业借助着互联网行业迎来了新的发展机会，其中无线通信网络技术在我们当前的生产生活中应用最多，但是其安全问题也是需要我们共同关注的问题。”

根据无线网络承载电波频率的不同，无线通信系统可分为短波通信（3 ~ 30MHz）、卫星通信（10GHz以上）、微波接力通信（L、S、C、X等频段）以及蜂窝移动通信。蜂窝移动通信是采用蜂窝无线组网方式，在终端和网络设备之间通过无线通道连接起来，进而实现用户在活动中可相互通信，其主要特征是终端的移动性，并具有越区切换和跨本地网自动漫游功能。蜂窝移动通信系统是当今应用广泛的无线通信网络系统。

典型的蜂窝移动通信系统组成包括：无线服务区通过接口与公众通信网互联。无线通信系统一般包括移动台（MS）、基站子系统（BSS）、网络交换子系统（NSS）、操作支持子系统（OSS），它们是一个完整的信息传输实体。

移动台：MS是无线通信网中用户使用的设备，也是用户能够直接接触整个通信系统中唯一的设备。移动台由移动设备（ME）和SIM卡两部分组成。ME可以是手持机、车载机或便携台；SIM卡存储与用户相关的所有身份特征信息、安全认证和加密信息等。

基站子系统：BSS是实现无线通信的关键组成部分。它通过无线接口直接与移动台通信，负责无线发送接收和无线资源管理；另一方面，它通过与NSS的移动业务交换中心（MSC）接口，实现移动用户之间或移动用户与固定网络用户之间的通信连接，传送系统信号和用户信息等。

网络交换子系统：NSS由6个功能单元组成，即MSC、访问用户位置寄存器（VLR）、归属用户位置寄存器（HLR）、鉴权中心（AUC）、移动设备识别寄存器（EIR）和操作维护中心（OMC）。

操作支持子系统：OSS是相对独立的对无线通信系统提供管理和服务功能的单元，它主要包括NMC、安全性管理中心（SEMC）、集中计费管理的数据后处理系统（DPPS）、用户识别卡的个人化管理中心（PCS）等。

四、无线网络结构的演进

无线网络基于蜂窝网络布局结构，其网络结构随着技术进步和用户业务需求的改变而不断演进。在2G、3G、4G网络和宽带无线接入网的发展中，网络结构的发展变化具备了时代的特征。

1.BSC-BTS网络结构（2G网络）

在小区制网络中，BSC-BTS结构是典型的网络结构。在GSM网络，蜂窝网络的组成结构明显，无线网络由BSC-BTS基站组成。一个BSC下辖N个BTS，每个BTS归属于唯一的BSC，一个核心网MSC下辖N个BSC。

无线网中，BSC和BTS组成星形逻辑关系，每个BTS覆盖一个蜂窝区域。这种网络结构形成BSC汇聚控制功能，无线网络的资源管理、切换控制等功能均集中于BSC。这种结构逻辑功能清晰简单，但是由于多了BSC的一层控制，网络时延相对较大。

2.RNC+射频拉远分布式基站结构（3G网络）

在3G网络中，延续了GSM网络的基站控制器＋基站的无线网络结构，同时随着技术的发展和工程建设的需要，BBU+RRU这种射频拉远分布式基站代替原有BTS基站，成为重要角色，逐步形成传统宏基站方式和射频拉远分布式基站并存的局面。其中在TD-SCDMA网络中，射频拉远成为绝对的主角。射频拉远站分为室内基带处理单元（BBU）和远端单元（RRU），通过光纤与远端单元相连，BBU和RRU之间通过CPRI / Ir接口连接。

（1）BBU的主要功能

① 通过光纤接口完成与RRU连接功能，完成对RRU控制和RRU数据的处理功能。

② 通过Iub接口与RNC相连。

③ 通过后台网管提供操作维护功能。

（2）RRU的主要功能

① 通过光纤和基带池（BBU）进行通信，包括I/Q数据和操作维护消息。

② 通过射频电缆和天线阵列相连，完成射频信号的收发。

③ 上下行通道发信功能。

通用公共无线电接口（CPRI），采用数字的方式传输基带信号。CPRI定义了基站数据处理控制单元与基站收发单元之间的接口关系，其数据结构可以直接用于远端站的数据进行远端传输，成为基站的一种拉远系统。Ir接口是指BBU和RRU之间的接口，用于网络中的接口名称，其技术核心还是CPRI。

（3）BBU + RRU分布式基站

① BBU + RRU分布式基站的优势。相对传统宏基站，分布式基站在机房空间、馈线损耗和机房能耗等方面存在明显优势。分布式基站的不足之处在于RRU大多工作于各种条件的室内外环境而非专业机房内，长时间经受风吹日晒雨淋，在不少地方还面临高温、高寒、风沙、盐雾、潮湿等各种恶劣的场景，其可靠性要求相对较高。随着基站设备制造工艺的发展，户外有源设备的稳定性逐步提高，这为分布式基站的普及提供了必要的条件。

② 基站设备裂分为BBU和RRU，BBU的物理位置选择变得非常灵活，BBU集中设置成为可能。C-RAN就是通过结合集中化的基带处理、高速的光传输网络和分布式的远端无线模块，形成集中化处理、协作化无线电、云计算化的绿色清洁无线接入网构架，其总目标是为解决移动互联网快速发展给运营商带来的多方面挑战，如能耗、建设和运维成本，以及频谱资源等，追求未来可持续的业务和利润增长。

第一，集中化。一个集中化部署的C-RAN基带BBU支持10 ~ 100个eNodeB的工作，比一般分布式基站的支持能力大很多，基带处理或控制集中化有助于减少配置，降低站址要求。C-RAN集中化的部分包括基带信号处理、高层协议处理及管理功能，而远端RRU只包含数字-模拟信号变换和功放的功能。

第二，协作化。利用宽带、多频段的RRU或有源一体化天线，结合集中化信号处理，实现基站间协作化。即多个天线同时接收和发送一个服务的信号，通过协作调度、协作收发降低系统内的干扰，提高系统的总体容量，改善小区的边缘覆盖。

第三，云计算化。借助IT领域的云计算技术，将集中化部署基站的处理资源聚合成为资源池，采用虚拟化技术，根据基站的业务需要和动态变化分配处理资源，实现处理资源的云计算。

3.扁平式网络结构（LTE网络）

LTE完全基于分组交换，是一个IP网络，只存在PS。LTE摒弃了2G / 3G网络中存在的双核心网结构和RNC设备，分组核心网成为管理终端移动性和处理信令的唯一，各种业务通过IP多媒体系统（IMS）提供给终端用户。这种扁平化的架构大大降低了控制平面的时延，由空闲态转移到激活态的时延要求为100ms，休眠态转移到激活态的时延要求为50ms。

LTE网络业务平面与控制平面完全分离，核心网趋同化，交换功能路由化，网元数据最小化，协议层次最优化，网络扁平化，全IP化。从网络结构上，eNodeB和终端，取消了RNC设备，RNC的功能分拆到MME、MGW和eNodeB中。LTE / SAE的演进，网络结构更加扁平化，在无线网侧，只有eNodeB网络扁平化使得系统时延减少，改善用户体验。LTE接入网由eNodeB组成，eNodeB之间由X_2接口相连，eNodeB与MME / S-GW通过S_1连接。eNodeB不仅具有原来的NodeB功能，还能完成原来RNC的大部分功能，包括物理层、MAC层、RRC、调度、接入控制、承载控制和接入移动性管理等。eNodeB基站不管FDD-LTE还是TD-LTE，均以BBU + RRU分布式基站为主，大规模的分布式基站为BBU集中甚至云计算化奠定了基础。

第二节　无线信道与多址技术

一、无线信道

1.移动通信信道

移动通信信道是移动通信首先要遇到的问题。研究移动通信信道就是要搞清楚无线电信号在移动信道中可能发生的变化和发生这些变化的原因，这与载波频段、传播环境、移动速度、传播的信号形式以及信道上下行方向等都有密切关系。具体移动通信系统的设计、设备开发、网络规划需考虑所有上述方面，下面主要讨论移动信道的一般方面。

在无线通信系统中，由基站发射机到移动台的无线连接为前向链接或下行链接，而由移动台到基站接收机的无线连接则称反向链接或上行链接。典型地，前向链接和反向链接被分成不同类型的信道。无线电信号无论是在前向链接还是在反向链接的传播，都会以多种方式受到物理信道的影响。由于无线信道的复杂性，一个通过无线信道传播的信号往往会沿一些不同的路径到达接收端，这一现象称为信号的多径传输。虽然电磁波传播的形式很复杂，但一般可归结为反射、绕射和散射三种基本传播方式。

移动通信信道是一种时变信道，无线电信号通过移动信道时会遭到来自不同途径的衰减损耗。一般来说，这些损耗可归纳为三类：①电波传播的路径损耗；②阴影效应产生的大尺度衰落（或称长区间衰落）；③多径效应产生的小尺度衰落（或称短区间衰落）。接收信号功率的表示如下：

$$P(d)=|d|^{-n}S(d)R(d) \tag{1-1}$$

其中，$|d|$表示移动台与基站的距离。当移动台运动时，距离是时间的函数，所以接收信号功率也是时间的函数。

2.信道传播模型

无线电波传播包含了许多种模型，就建模方式来说，主要分为确定性模型和经验模型两大类，除此之外，还有一种半确定性模型存在于前面两种模型之间。经验模型是利用统计、分析的方法对大量的测量数据进行处理，再将公式归纳总结出来，公式拥有简单的计算和较少的参数，但是很难把电波传输的内在特点表现出来，所以在不同场合应用该模型时，需要及时校正和调整模型。确定性模型的公式来源于电磁理论计算方法与具体现场环境的结合，公式涉及较大的计算量和较多的参数，所以计算出的预测结果比经验模型更精准。

信道传播模型能对传播损耗进行预测，模型的有效性更高，预测出的结果更准确。其中，损耗是一个包括了工作频率、环境和距离等参数在内的函数。因为在现实环境中，传播损耗容易受到建筑物和地形等因素的影响，导致损耗发生一定改变，所以对结果预估了之后，还要在实地测量中进行验证。过去许多工程师和研究人员花费了巨大的精力分析和研究传播环境，形成了多种类型的传播模型，这些模型可以用来对接收信号的中值场强进行预测。

目前广泛使用的传播模型有以下两种。

（1）Okumura-Hata模型　Okumura-Hata模型在900MHz GSM中得到广泛应用，适用于宏蜂窝的路径损耗预测。Okumura-Hata模型是根据测试数据统计分析得出的经验公式，应用频率在150 ~ 1500MHz，适用于小区半径大于1km的宏蜂窝系统，基站有效天线高度在30 ~ 200m，终端有效天线高度在1 ~ 10m。

Okumura-Hata模型路径损耗计算如下：

$$L_{50}(\mathrm{dB})=69.55+26.16\lg f_c-13.82\lg h_{te}-\alpha(h_{re})+(44.9-6.55\lg h_{te})\lg d+C_{cell}+C_{terrain} \quad (1\text{-}2)$$

式中　f_c——工作频率，MHz；

h_{te}——基站天线有效高度，定义为基站天线实际海拔高度与天线传播范围内的平均地面海拔高度之差，m；

h_{re}——终端有效天线高度，定义为终端天线高出地表的高度，m；

d——基站天线和终端天线之间的水平距离，km；

$\alpha(h_{re})$——有效天线修正因子，是覆盖区大小的函数，其数值与所处的无线环境相关，如下所示：

$$\alpha(h_{re})=\begin{cases}\text{中小城市}\ (1.11\lg f_c-0.7)h_{re}-(1.56\lg f_c-0.8)\\ \text{大城市、郊区、乡村}\ \begin{cases}8.29(\lg 1.54h_{re})^2-1.1 & (f_c<300\mathrm{MHz})\\ 3.2(\lg 11.75h_{re})^2-4.97 & (f_c>300\mathrm{MHz})\end{cases}\end{cases} \quad (1\text{-}3)$$

C_{cell}——小区类型校正因子，如下所示：

$$C_{cell}=\begin{cases}0 & \text{城市}\\ -2\left[\lg\left(\dfrac{f_c}{28}\right)\right]^2-5.4 & \text{郊区}\\ -4.78(\lg f_c)^2+18.33\lg f_c-40.98 & \text{乡村}\end{cases} \quad (1\text{-}4)$$

$C_{terrain}$——地形校正因子，反映一些重要的地形环境因素对路径损耗的影响，如水域、树木、建筑等，合理的地形校正因子可以通过传播模型的测试和校正得到，也可以由用户指定。

（2）COST231-Hata模型　COST231-Hata模型是EUROpean Co-Operation in the field of

Scientific and Technical research（EURO-COST）组成的COST工作委员会开发的Hata模型的扩展版本，应用频率在1500 ~ 2000MHz，适用于小区半径大于1km的宏蜂窝系统，发射有效天线高度在30 ~ 200m，接收有效天线高度在1 ~ 10m。

COST231-Hata模型路径损耗计算如下：

$$L(\mathrm{dB})=46.3+33.9\lg f_{c}-13.82\lg h_{te}-\alpha(h_{re})+(44.9-6.55\lg h_{te})\lg d+C_{cell}+C_{terrain}+C_{M} \quad (1\text{-}5)$$

式中，C_M为大城市中心校正因子，如下：

$$C_{M}=\begin{cases}0 & \text{中等城市和郊区}\\ 3\mathrm{dB} & \text{大城市中心}\end{cases} \quad (1\text{-}6)$$

COST231-Hata模型和Okumura-Hata模型主要的区别在于频率衰减的系数不同，COST231-Hata模型的频率衰减因子为33.9，Okumura-Hata模型的频率衰减因子为26.16。另外COST231-Hata模型还增加了一个大城市中心衰减C_M。

二、多址技术

1.多址技术概念

基于无线通信系统，如果许多个用户使用同一基站发射出的信号和别的用户进行通信，则一定要把不同的特征赋予不同基站、不同用户发射出去的信号，如此一来，才能让基站将所有用户的手机发射出去的不同信号区分开来，每个用户也能从基站发出的所有信号中区分出属于自己的信号。多址技术、寻址技术在无线通信系统中发挥着重要作用。

GSM数字通信作为一种多址技术，对时分复用技术和频分复用技术进行综合应用；CDMA技术以码分多址技术作为支撑；TACS模拟通信以频分复用技术为主。

因为码分多址技术是3G系统的重要技术支撑，所以要合理、谨慎、正确选择好扩频码。IS-95系统使用的扩频码是64位的Walsh函数，这种扩频码的优势在于前向信道的性能较好，但是反向信道的性能较差。OVSF码具有相互正交的特征；Cch、j-SF、SF作为表示法，主要对矩阵的阶数进行表示，这也是一种重要的扩频系数，其中j用来对矩阵中的j+1行进行表示。在正交特性的作用下，对同一扇区内各个信道进行区分的能力比较有限，拿SF=256距离，表示在这个有256行的256阶矩阵中，包含了256个不一样的OVSF码，只能用来对256个用户进行区分。

2.多址技术类型

多址技术就是在一个公共传输媒质中接入来自不同地点的许多用户，让用户之间实现通信。多址技术又被称作多址连接技术，在无线通信中使用较多。下面将以移动通信和卫星通信为例，对时分多址、码分多址、频分多址等概念进行详细说明。

多址技术分为频分多址（FDMA）、时分多址（TDMA）、码分多址（CDMA）、空分多址（SDMA）、正交频分多址（OFDMA）。

（1）FDMA技术　频分多址是将通信的频段划分成若干等间距的信道频率，每对通信的设备工作在某个或指定的信道上，即不同的通信用户是靠不同的频率划分实现通信的，称为频分多址。早期的无线通信系统，包括现在的无线电广播、短波、大多数专用通信网都是采用频分多址实现的。频分多址通信设备的主要技术要求是频率准确、稳定，信号占用频带宽度在信道范围以内。在卫星通信中，不同的地球通信站在通信过程中使用的信道处于不同频率，用户使用的信道也处于不同频率，所以通信时不会产生相互干扰。

（2）TDMA技术　时分多址技术就是让许多个发送端和接收端在不同的时间对同一个信道进行使用，因此不会干扰到彼此的通信。所以，从这里也可以看出，如果信道的数量相同，基于时分多址技术能比基于频分多址技术容纳的用户更多，时分多址技术是现在移动通信系统的主要技术。

（3）CDMA技术　码分多址技术是把不同且唯一的码序列赋予每个收发端，让收发端和接收端在一个信道中进行通信，如此一来，每个用户在收发信息时都有对应的码序列，不会干扰到彼此的通信。由于地球站的区分依据是码序列，也是大家说的码分多址，利用码分多址技术比使用时分多址技术可以容纳更多的用户进行通信。虽然码分多址技术复杂性较高，但是依旧受到许多移动通信系统的欢迎。

（4）SDMA技术　空分多址技术是把空间分割成多道信道。比如，一个卫星对多个天线进行利用，每个天线对应地球表面的不同区域，再把波束向各自对应的区域进行发射。如此一来，位于地球地面上不同区域的地球站都能在相同的时间、相同的频率实现通信，而且不会干扰到彼此。从本质上来说，空分多址技术增加了信道的数量和容量，能够充分利用频率资源。空分多址技术也能够兼容其他多址技术，对多种多址技术进行综合利用。

（5）OFDMA技术　正交频分多址（OFDMA）是利用OFDMA对信道进行子载波化后，在部分子载波上加载传输数据的传输技术。OFDMA多址接入系统将传输带宽划分成正交的互不重叠的一系列子载波集，将不同的子载波集分配给不同的用户实现多址。相对传统OFDMA载波间需要很大的保护带，OFDMA允许载波间紧密相邻，甚至部分重合，可以通过子载波的形式实现很高的频谱效率。

OFDMA系统可动态地把可用带宽资源分配给需要的用户，很容易实现系统资源的优化利用。由于不同用户占用互不重叠的子载波集，在理想同步情况下，系统无多户间干扰，即无多址干扰。

第三节　功率控制与频率复用

一、功率控制

1.功率控制的准则

在码分多址的CDMA系统中，每一个频谱信道都不是完全正交而是相似正交，因而用户之间存在干扰。在上行链路中，存在离基站近的移动台信号强，离基站远的移动台信号弱，而产生以强压弱的远近效应；在下行链路中，如果移动台的位置位于两个相邻小区的接壤处，则所属基站向该位置发射出的有用信号具有较低的功率，而且隔壁小区基站会对这些信号产生较大的干扰。

此外，如果有大型建筑物存在于电波传播的方向和范围内，则建筑物产生的阴影效应会减弱电波传输的效果。最终会减小通信范围、降低通信系统的容量，利用功率控制技术能够有效解决这些现象和问题。

控制功率的基本依据是功率控制准则，就控制原理层面来说，功率平衡准则和信噪比平衡准则共同构成功率控制准则。

（1）功率平衡准则　接收端接收到的功率相等的信号称作功率平衡。在下行链路中，功率平衡能够让各个移动台接收到从基站发射出的相同功率的信号；在上行链路中，功率平衡可以使各个移动台将相等功率的信号传输到基站。

（2）信噪比平衡准则　SIR平衡，是指接收到的信号干扰比相等。对于上行链路，SIR平衡的目标是使基站接收到的各个移动台信号的SIR相等；对于下行链路，SIR平衡的目标是使各个移动台接收到的基站信号的SIR相等。

2.功率控制的分类

（1）前向功控和反向功控

① 前向功控，用来控制基站的发射功率，使所有的移动台能够正确地接收信号，在满足条件的情况下，基站的发射功率应该尽可能地小，可以减少对相邻小区的干扰，克服角效应。

② 反向功控，用来控制移动台的发射功率，使所有的移动台在基站接收的信号SIR或者信号功率基本相等，克服远近效应。

（2）开环功控和闭环功控

① 开环功控，是指移动台和基站之间不需要相互交换信息而只根据信号的好坏减少或者增加功率的方法，一般都用于建立初始连接的时候，该功率控制是比较粗略的。开环功控对慢衰落有一定的效果，但是对频分双工的FDD系统，上下行链路频段相差较大，快衰落完全是独立的，起到的效果不大。

② 闭环功控，是指移动台和基站需要交互信息而采用的功控方法。闭环功控的优点是控制精度高，缺点是由于需要交互信息，从控制命令发出到改变功率，存在着时延，有稳态误差大、占用系统资源等缺点。实际应用中，可以采用自适应功控、自适应模糊功控等措施克服其缺点。

二、频率复用

频率复用，是指在数字蜂窝系统中重复使用相同的频率，一般把有限的频率分成若干组，依次形成一簇频率分配给相邻小区使用，这些使用同一频率的区域彼此需要相隔一定的距离（称为同频复用距离），以满足将同频干扰抑制到允许的指标以内。

1.频率复用方式

频率复用方式，目前比较常用的有分组复用方式、频率多重复用方式和动态复用方式等。

分组复用方式：将可用频带带宽内的频点按照不同的复用模式进行分组，比较常见的有4×3、3×3、1×3和2×6共4种方式。

频率多重复用方式：将可用频率分为几组，每一组频率作为独立的一层，不同层的频率采用不同的复用方式，即在同一网络中采用不同的复用方式，频率复用逐层紧密。

动态复用方式：不将可用频率分组，进行分配时考虑所有适用频率，选择满足一定分配要求的频点作为当前的频率配置。该方法适用于频率资源有限的情况，但由于对频点选择难度较大，适用于计算机进行算法实现。

2.频率复用系数

频率复用系数是每小区可选频率自由度的一个定义，可以理解为系统内任意小区使用某频率的概率，频率复用系数越大，系统内同频概率越小，但系统的频谱利用率越低。不同的频率复用方式，复用系数也不同。

对于分组复用方式，复用系数的大小就是每个基本复用簇中小区的数量，如4×3复用的复用系数为12。

对于频率多重复用方式，复用系数的大小为每层复用系数的平均值。例如，在一个12/8/4的频率多重复用方式中，假设装有2个载波的小区占20%，3个载波的占80%，由于第三个载波实际上只在80%的小区使用，因此，这两个载波被复用的系数应分别是4/0.8 = 5。这样该频率多重复用方式的实际平均频率复用系数为（12+8+5）/3 = 8.3。

第二章　短距离无线通信技术研究

短距离无线通信，也被称为短距离通信技术，一般指通信的发出方和接收方都充分发挥无线电波的作用，在十几米的距离内，利用井下传输的方式对信息进行传输。短距离通信技术具有低功耗、低成本和对等性等多种共性。本章重点论述蓝牙无线通信技术、ZigBee无线通信技术、WLAN无线通信技术、RFID无线通信技术。

第一节　蓝牙无线通信技术

一、蓝牙数据分组

蓝牙技术同时支持数据和语音信息的传送，在信息交换方式上采用了电路交换和分组交换的混合方式。对于短暂的突发式的数据业务，采用分组传输方式。在蓝牙的信道中，数据是以分组的形式进行传输，将信息进行分组打包。时间划分为时隙，每个时隙内只发送一个数据包，蓝牙的数据包与纠错机制之间有密切的联系。

1.分组格式

分组可以由标识码组成（压缩格式），也可以由识别码和分组头组成或识别码、分组头和有效载荷组成。标准的数据分组格式如图2–1所示：

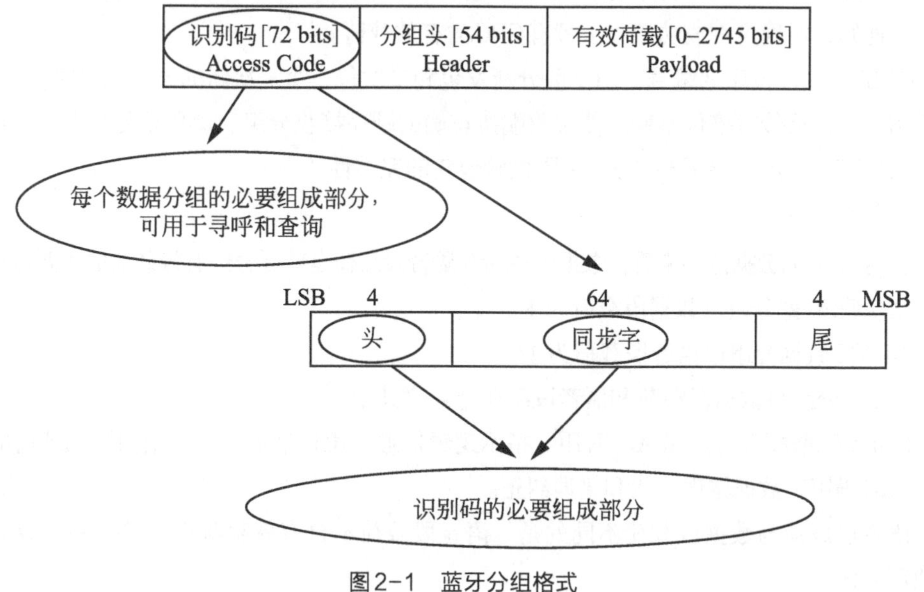

图2–1　蓝牙分组格式

识别码：用于数据同步、DC偏移补偿和身份识别。

分组头：包含了链路控制（LC）信息。

有效载荷：携带上层的语音和数据字段。

识别码用于寻呼和查询使用，可单独作为信令信息，不需要分组头和有效载荷，识别码一定有头和同步字，有时也有尾。

（1）识别码　蓝牙设备在不同工作模式下使用不同的识别码，识别码有以下三种不同类型。

① 信道识别码CAC：用于标识一个微微网。

② 设备识别码DAC：用于指定的信令过程，比如寻呼和寻呼应答。

③ 查询识别码IAC：分为通用查询识别码（GIAC）和专用查询识别码（DIAC）两种。

第一，查询识别码GIAC：为所有设备通用，用于检测指定范围内的其他蓝牙设备。

第二，专用查询识别码DIAC：被某种类型的蓝牙单元使用，具有同种类型的蓝牙单元使用相同的DIAC，用于发现在指定范围中符合条件的专用蓝牙设备。

（2）分组头　分组头有54bits，由6个字段构成，共18字节，每个字段的描述如下。

① AM_ADDR。主要用来对加入到微微网中的活动成员进行区分，包含了3个成员地址。具体是指，主单元为了将各个单元区分开来，把一个临时的3比特地址赋予每个从单元。

② TYPE。这是指4位类型码，主要是进一步确定分组是在ACL链路上进行传输还是在SCO链路上进行传输，还能明确分组属于SCO或ACL中的哪一种，对分组或占用的时隙进行说明。

③ FLOW。a.控制ACL链路上的分组流量的是1位流控；b.1表示清空作为接收方的ACL链路上的接收缓存区，指示可以传输；c.0表示传输停止，作为接收方的ACL链路接收缓冲区已经存满。

④ ARQN。a.0表示接收数据失败；b.1表示接收数据成功；c.1位确认指示，对发送端进行通知，明确是否成功接收了带有CRC的有效载荷。

⑤ SEQN。1位序列编号。用于区分新发包和重发包，每一次新的分组发送时，SEQN将反相一次，重传时该位不变。使接收端按正确的顺序接收分组，避免重复收发。

⑥HEC。8位包头错误校验码主要检验包头的完整性。

（3）有效载荷

① 从不同的数据链路来看，数据段载荷和语音段载荷是蓝牙分组有效载荷的主要类型。

② ACL数据分组以数据段载荷为主。

③ SCO数据分组以语音段载荷为主。

④ DV分组将数据段载荷和语音段载荷都包含其中。

BODY数据段载荷。HEADER用于指示逻辑信道、逻辑信道上的流量控制和载荷的长度。CRC码用于数据错误检测和错误纠正。

语音段载荷与数据段载荷不同的是，语音段载荷不含有效载荷头和CRC码，只有有效载荷主体。

2.分组类型

微微网中的分组类型和其链接方式（SCO/ACL）有关。不同链路的不同分组类型由分组头中的TYPE位唯一区分。可分为5种公共分组、4种SCO分组和7种ACL分组3大类，其中SCO分组用于同步SCO链接，ACL分组用于异步ACL链接方式。

公共分组包括：身份（ID）分组、空（NULL）分组、轮询（POLL）分组、跳频切换分组（FHS）、DM1分组。

SCO分组包括：HV1分组、HV2分组、HV3分组、DV分组。

ACL分组包括：DM1分组、DH1分组、DM3分组、DH3分组、DM5分组、DH5分组、AUX1分组。

各分组具体描述如下。

（1）公共分组

① ID。由设备识别码或查询识别码组成，长度为68位，是一种可靠的分组，常用于呼叫、查询及应答过程中。

② NULL。是一种不携带有效载荷的分组，由信道识别码和分组头组成，总长度为128位。NULL分组用于返回链接信息给发送端，其自身不需要确认。

③ POLL。与NULL类似，但需要一个接收端发来的确认。主单元可用它来检查从单元是否启动。

④ FHS。表明蓝牙设备地址和发送方时钟的特殊控制分组，常用于寻呼、主单元响应、查询响应及主从切换等。采用2/3FEC纠错编码。

⑤ DM1。一种通用分组，可以为两种物理链路传输控制消息，也可携带用户数据。

（2）SCO分组

① HV1。含有10个信息字节，使用1/3FEC纠错码，无有效载荷头和CRC码，常用于语音传输。

② HV2。含有20个信息字节，使用2/3FEC纠错码，无有效载荷头和CRC码，常用于语音传输。

③ HV3。含有30个信息字节，无FEC纠错码，无有效载荷头和CRC码，常用于语音传输。

④ DV。数据-语音组合包，有效载荷段分语音段和数据段两部分，可进行数据和话音的混合传输。语音字段没有FEC保护，从不重传；数据字段采用2/3FEC，可以重传。

（3）ACL分组

① DM1。一种只能携带数据信息的分组，含有18个信息字节和16位CRC，采用2/3FEC编码。

② DH1。类似于DM1分组，含有28个信息字节和16位CRC，无FEC编码。

③ DM3。一种具有扩展有效载荷的DM1分组，含有123个信息字节和16位CRC，采用2/3FEC编码。

④ DH3。类似DM3分组，含有185个信息字节和16位CRC，无FEC编码。

⑤ DM5。一种具有扩展有效载荷的DM1分组，含有多达226个信息字节，采用2/3FEC编码。

⑥ DH5。类似于DM5分组，含有多达341个字节的信息和16位CRC，但无FEC编码。

⑦ AUX1。类似于DH1分组，含有30个信息字节，没有CRC。

二、蓝牙模块选择

蓝牙模块又叫蓝牙内嵌模块、蓝牙模组，是蓝牙无线传输技术的重要实现。在实际的蓝牙应用开发中，一般不需关注具体的协议实现，只需结合项目任务选择合适的蓝牙模块即可。

蓝牙技术，通常以蓝牙芯片的形式出现，底层协议通过硬件来实现，中间层和高端应用层协议则通过协议栈实现，固化到硬件之中。并非所有蓝牙芯片都要实现全部的蓝牙协议，但大部分都实现了核心协议，对高端应用层协议和用户应用程序，可根据需求定制。目前多数蓝牙芯片的底层硬件采用单芯片结构，利用片上系统技术将硬件模块集嵌在单个芯片上，同时配有微处理器、静态随机存储器、闪存、通用异步收发器、通用串行接口、语音编/解码器、蓝牙测试模块等。

蓝牙模块：在蓝牙芯片的基础上，添加微带天线、晶振、Flash、电源电路等，并根据应用需求开发所需的应用协议、应用程序和接口驱动程序，即可构成蓝牙模块，实现某些特定用途。

1.按性能指标进行选择

第一，发射功率。标准的CLASS1模块发射功率为+20dBm，即100mW；标准的CLASS2模块发射功率＜6dBm，即小于4mW。发射功率参数确定后，实际发射效率与射频电路、天线效率相关。

第二，接收灵敏度。蓝牙模块接收灵敏度＜-80dBm，适当增加前置放大器，可提高灵敏度。

第三，通信距离。CLASS1模块的标准通信距离（指在天线相互可视的情况下）为100m，CLASS2模块通信距离为10m。实际蓝牙模块的通信距离与发射功率、接收灵敏度及应用环境密切相关。

第四，功耗与电流。蓝牙模块的功耗大小与工作模式相关，在查找、通信和等待时，功耗不同。不同的固件，因其参数设置不同，功耗也会不同。

2.按模块类型进行选择

第一，按应用：手机蓝牙模块、蓝牙耳机模块、蓝牙语音模块、蓝牙串口模块等。

第二，按技术：蓝牙数据模块、蓝牙语音模块、蓝牙远程控制模块。

第三，按采用的芯片：ROM版模块、EXT版模块及FLASH版模块。

第四，按性能：CLASS1蓝牙模块和CLASS2蓝牙模块。

第五，按生产厂家：市场上有CSR（现已被三星电子收购）、Brandcom、Ericsson、Philips等，目前市场上大部分产品是前两家公司的方案。

3.蓝牙模块的综合选择

在选择蓝牙模块时，除了要考虑性能指标外，还要综合考虑成本、体积、外围电路复杂度、应用需求等因素。例如BLK-MD-BC04-B，主要用于短距离无线数据传输，具有成本低、体积小、功耗低、收发灵敏性高的优点，采用英国CSR公司BlueCore4-Ext芯片，遵循V2.1+EDR蓝牙规范，支持UART、USB、SPI、PCM、SPDIF等接口，支持SPP蓝牙串口协议，只需配备少许的外围元件就能实现蓝牙的功能。

模块主要特点包括：① 蓝牙V2.1+EDR；② 蓝牙Class2；③ 内置PCB射频天线；④ 内置8Mbit Flash；⑤ 支持SPI编程接口；⑥ 支持UART、USB、SPI、PCM等接口；⑦ 支持主从一体；⑧ 支持软硬件控制主从模块；⑨ 3.3V电源；⑩ 尺寸：27mm × 13mm × 2mm（长 × 宽 × 高）；⑪ 支持连接7个从设备。

蓝牙模块用于短距离的数据无线传输领域，可避免繁琐的线缆连接，能直接替代串口线，可以方便地和PC的蓝牙设备相连，也可以用于两个模块之间的数据互通。广泛用于：① 蓝牙无线数据传输；② 工业遥控和遥测；③ POS系统；④ 无线键盘和鼠标；⑤ 楼宇自动化和安防；⑥ 门禁系统；⑦ 智能家居等。

三、蓝牙硬件电路

1.管脚图

蓝牙模块BLK-MD-BC04-B的引脚图如图2-2所示。

UART串口引脚：1、2、3、4。

PCM引脚：5、6、7、8。

可编程模拟输入输出口：9、10。

SPI串口引脚：16、17、18、19。

可编程输入/输出口、状态指示LED口、软/硬件主从设置口、硬件主从模式设置口等：23-34。具体引脚功能描述见表2-1所示。

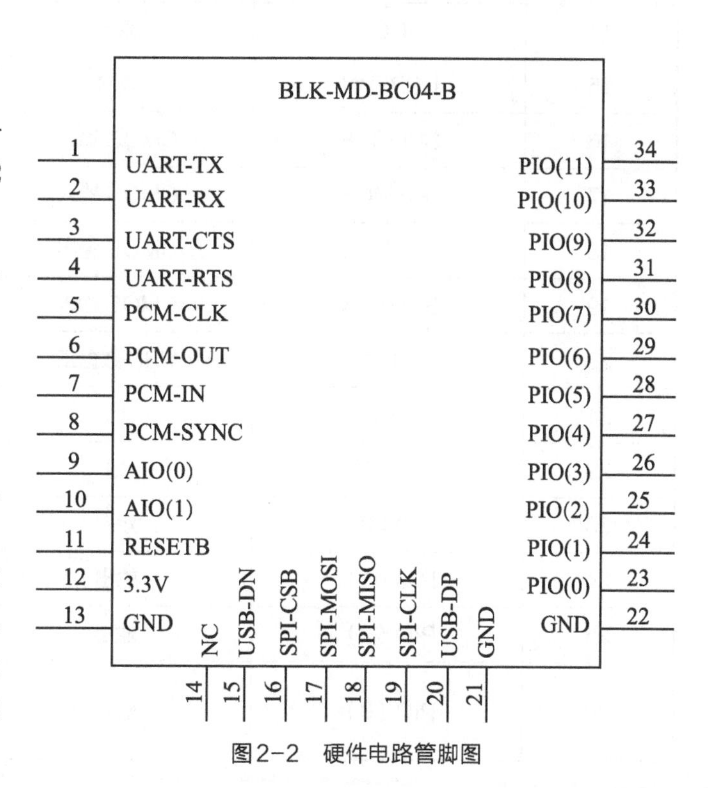

图2-2 硬件电路管脚图

表 2-1 引脚功能

引脚号	名称	类型	功能描述
1	UART-TX	CMOS 输出	串口数据输出
2	UART-RX	CMOS 输入	串口数据输入
3	UART-CTS	CMOS 输入	串口清除发送
4	UART-RTS	CMOS 输出	串口请求发送
5	PCM-CLK	双向	PCM 时钟
6	PCM-OUT	CMOS 输出	PCM 数据输出
7	PCM-IN	CMOS 输入	PCM 数据输入
8	PCM-SYNO	双向	PCM 数据同步
9	AIO（0）	双向	可编程模拟输入输出口
10	AIO（1）	双向	可编程模拟输入输出口
11	RESETB	CMOS 输入	复位 / 重启键（低电平复位）
12	3.3V	电源输入	+3.3V 电源
13	GND	地	地
14	NC	输出	NC（请悬空）
15	USB-DN	双向	USB 数据负
16	SPI-CSB	CMOS 输入	SPI 片选口
17	SPI-MOSI	CMOS 输入	SPI 数据输入
18	SPI-MISO	CMOS 输出	SPI 数据输出
19	SPI-CLK	CMOS 输入	SPI 时钟口
20	USB-DP 双向	USB 数据正	
21	GND	地	地
22	GND	地	地
23	PIO（0）	双向	可编程输入 / 输出口（0）
24	PIO（1）	输出	状态指示 LED 口
25	PIO（2）	输出	主机中断指示口
26	PIO（3）	输入	记忆清除键（短按），恢复默认值按键（长按 3s）

续 表

引脚号	名称	类型	功能描述
27	PIO（4）	输入	软/硬件主从设置口：置低（或悬空）为硬件设置主从模式，置高电平3.3V为软件设置主从模式
28	PIO（5）	输入	硬件主从模式设置口：置低（或悬空）为从模式，置高电平3.3V为主模式
29	PIO（6）	双向	可编程输入/输出口（6）
30	PIO（7）	双向	可编程输入/输出口（7）
31	PIO（8）	双向	可编程输入/输出口（8）
32	PIO（9）	双向	可编程输入/输出口（9）
33	PIO（10）	双向	可编程输入/输出口（10）
34	PIO（11）	双向	可编程输入/输出口（11）

2. 内部结构

蓝牙模块BLK-MD-BC04-B的内部结构如图2-3所示。

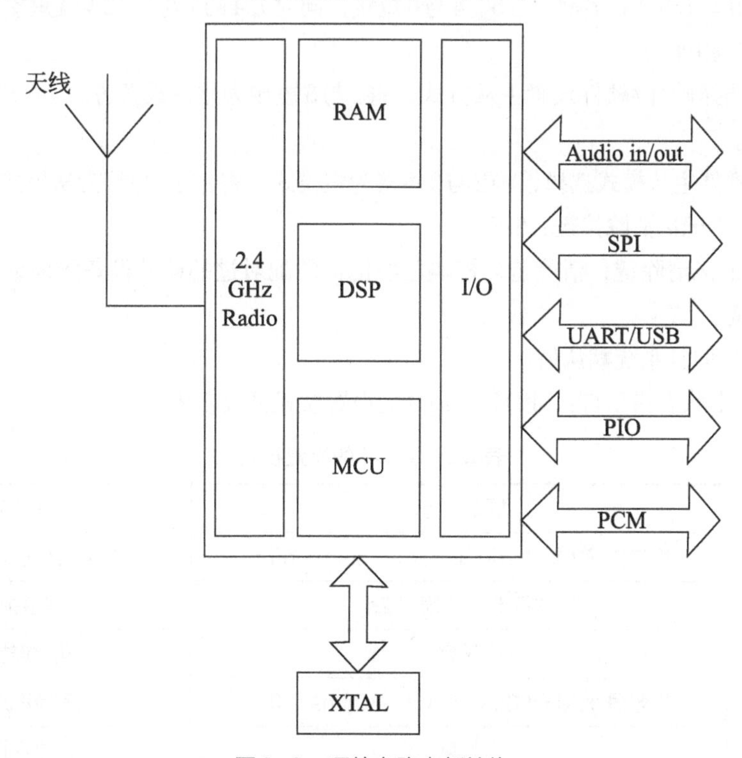

图2-3　硬件电路内部结构

3.外围电路

外围电路示意图如图2-4所示。

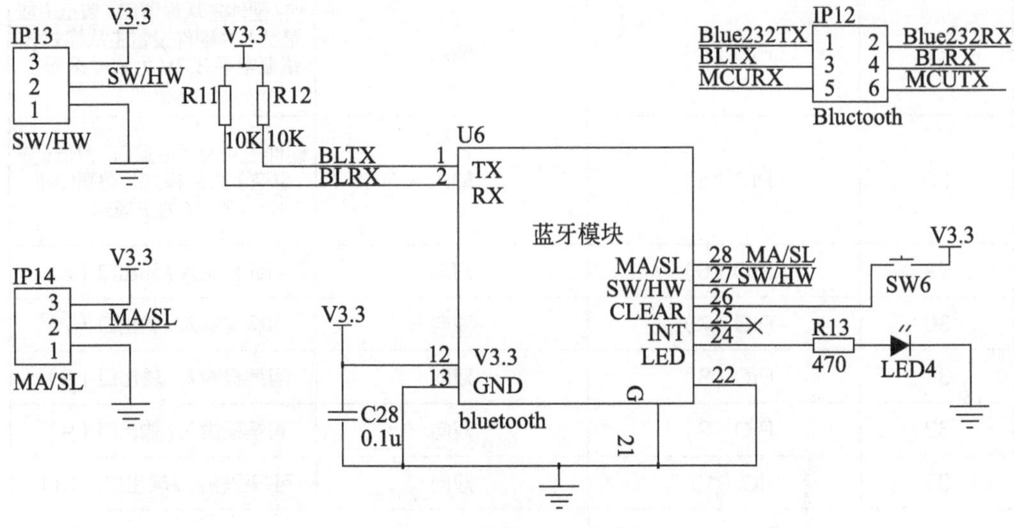

图2-4　外围电路示意图

第一，3个跳线选择开关：IP12、IP13、IP14。

IP12：选择蓝牙模块与PC或单片机进行串口通信，若将1与3短接、2与4短接，模块将与PC的串口相连；若将3与5、4与6短接，同时JP4的1与3、2与4短接，则模块与单片机的串口相连。

IP13：选择硬件/软件设置主从方式，将2与3短接为软件设置方式，2与1短接为硬件设置方式。

IP14：硬件主从模式选择，将2与3短接为主模式，将2与1短接为从模式。

第二,一个记忆清除按键：SW6。

短按为记忆清除键，清除蓝牙模块已经记忆的配对过的蓝牙设备的地址，以便重新搜索新的设备。

长按3s可回复系统默认值。

第三,一个状态指示灯：LED4。LED4的设置模式见表2-2。

表2-2　LED4的设置模式

模式	LED显示	模块状态
主模式	均匀快速闪烁（150ms-on，150ms-off）	搜索及连接从设备
	快闪5下后熄灭2s	连接中
	长亮	建立连接
从模式	均匀慢速闪烁（800ms-on，800ms-off）	等待配对
	长亮	建立连接

四、蓝牙模块应用开发

蓝牙模块应用开发的实质是通过控制蓝牙模块的配对连接，进行相应的数据收发。应用开发——AT命令集，操作AT指令可以使用户与蓝牙模块之间方便地进行交互，AT指令主要用于蓝牙模块配对前的相关设置，一旦连接成功，通信双方即进入透传模式，蓝牙模块将不再对AT指令作出响应。

1.AT指令

第一，AT即Attention（注意、注意力）。

第二，每条命令以字母“AT”开头，因此得名。

第三，AT指令主要用于操作相应模块。

第四，早期的AT指令集多用于GSM、GPRS模块。

第五，因其简单和标准化的原因，越来越多的模块已支持AT指令，如蓝牙模块和Wi-Fi模块。

第六，AT指令是以AT开头，以回车、换行字符（rn）结尾，不区分大小写。

第七，AT指令的响应在数据包中，每个指令执行成功与否都有相应的返回。其他的一些非预期信息（如有人拨号进来、线路无信号等），模块将有对应的一些信息提示，接收端可作相应的处理。

第八，AT指令主要分为下行命令和上行命令，下行命令是PC发给模块的，上行命令是模块上报给PC的。

（1）AT指令示例（下行） 将电路板上的蓝牙串口通过串口线连至PC机，开启超级串口程序，设置好串口号和波特率（默认值9600），蓝牙模块对相应AT指令的响应，在超级串口的接收区显示。查询/设置蓝牙名称，在超级串口的发送区中输入。每一条指令均以回车符结束。本例在连接好硬件设备的基础上，采用超级串口工具进行现场演示，注意超级串口的串口号需根据实际情况进行设置。另外，界面最下角的接收字符数和发送字符数也是随着串口通信的变化而时刻变化的。

蓝牙模块对相应AT指令的响应，在超级串口的接收区显示。查询/设置串口通信波特率，在超级串口的发送区中输入。每一条指令以回车符结束。

① 测试连接命令。

输入：AT

响应：OK

② 查询/设置蓝牙设备名称命令。

查询输入：AT+NAME

响应：+NAME=BOLUTEK（默认值）

设置输入：AT+NAMEBC04-B

响应：OK

③ 查询/设置波特率命令。

查询输入：AT+BAUD

响应：+BAUD=4（默认值9600）

设置输入：AT+BAUD8

响应：OK

注意：蓝牙模块的波特率更改后，在超级串口中必须重新选择PC的波特率，使其同AT指令修改后的值一致，然后关闭串口并重新打开，才能继续进行正常的串口通信。否则，在超级串口上将不会显示任何后续AT指令的应答。波特率一般采用默认设置9600即可，不必做更改设置。

④清除记忆地址命令。

输入：AT+CLEAR

响应：OK

（2）AT指令示例（上行） 蓝牙模块默认开启上行指令，可以自动向上位机报告相关模块信息。

① 已准备好状态。

+READY

② 连接中。

+CONNECTING

> > aa：bb：cc：dd：ee：ff（主模式）

< < aa：bb：cc：dd：ee：ff（从模式）

③ 查询状态。

+INQUIRING

④ 连接断开。

+DISC：SUCCESS（正常断开）

LINKLOSS（链接丢失断开）

NO SLC（无SLC连接断开）

TIMEOUT（超时断开）

2.蓝牙初始化

完成蓝牙设备配对连接前的初始化配置。

初始化指令一般包含：① 查询/设置蓝牙模块名称；② 查询本地蓝牙地址；③ 查询/设置—开启上行指令；④ 查询/设置—设备类型；⑤ 查询/设置查询访问码；⑥ 查询/设置—寻呼扫描、查询扫描参数；⑦ 查询/设置—是否自动搜索远端蓝牙设备；⑧ 查询—蓝牙配对列表；⑨ 查询/设置配对码；⑩ 查询/设置连接模式：指定蓝牙地址连接/任意地址连接。

将本模块和PC相连，通过串口发送AT指令控制本模块完成连接前的相关设置，采用硬件设置主从方式，蓝牙模块作为从机。

依次完成相关设置：① 将本模块名称设置为BC04-B；② 查询本模块的48位设备地址；③ 开启indiction上行指令；④ 设置蓝牙设备类型（从模式下被对端检索，主模式下返回所有搜索到的设备）；⑤ 设置蓝牙查询访问码为GIAC，以便被周围所有的蓝牙设备查询。

接下来进行配对与连接操作，依次完成相关设置：① 设置寻呼扫描、查询扫描参数；② 设置自动搜索远端蓝牙设备；③ 查询蓝牙配对列表（无配对列表）；④ 设置配对码为123456；⑤ 设置任意蓝牙地址连接模式，不和特定的（由BIND指令设置地址）蓝牙设备进行连接。

3.蓝牙配对

（1）蓝牙配对测试

① 使用蓝牙模块与PC或手机进行通信时，PC和手机的蓝牙一般作为主机，蓝牙模块作为从机。

② 所需硬件及软件：无线通信系统板、安卓智能手机、安卓蓝牙串口助手、超级串口。

③ 将无线通信系统板上的蓝牙串口端通过串口线连至PC机，将JP12的1与3、2与4用跳线短接，即蓝牙模块与PC相连；JP13的1与2短接，即硬件设置主从方式；JP14的1与2短接，即从机模式。开启PC上的超级串口程序。

（2）蓝牙配对步骤

① 蓝牙连接前的初始化设置。

② 安卓蓝牙串口助手安装。开启安卓手机（需自带蓝牙模块）的蓝牙功能，下载蓝牙串口助手到安卓手机并安装。

③ 配对连接。输入初始化步骤中设置好的配对码（123456），然后点击“确定”。每个手机可能显示的界面不完全相同，但是均要求输入配对码在超级串口中发送3次“AT+PIN”指令，经数据透传后显示在手机的蓝牙串口助手接收区中。

蓝牙的配对连接受一定距离的限制，具体依据不同的蓝牙模块而不同（典型的为十几米）。因此，将手机逐渐远离蓝牙模块，当超出距离的临界值时，手机与蓝牙模块之间的连接将会自动断开。

蓝牙模块配对后只要当成固定波特率的串口一样使用即可，因此只要是以“固定波特率，8位数据位，无奇偶校验”通信格式的串口设备都可以直接取代原来的串口线而不需要修改程序，如智能车、串口打印机等。

与电脑配对使用：适合电脑跟设备间通过蓝牙串口通信，使用方法与串口一样。

与手机配对使用：适合手机跟设备间通过蓝牙串口通信，使用方法与串口一样。

第二节　ZigBee无线通信技术

随着信息技术和互联网技术的迅速发展和普及，无线网络技术也不断更新升级，无线产品的高性价比、便捷操作使得它被广泛应用在人们的生活和工作中。比如，无线网络技术应用在家庭网络中，可以实现多个PC端相互连接、音频视频设备联网等，与家庭节能、安全保障和自动化相关的设备都可以相互连接，只是这些应用或设备在成本、安装复杂情况、带宽等方面存在不同的要求。在实际应用中，家庭安全保障和自动化的设备在吞吐量方面的需求较大。而且无线通信技术越复杂耗费的电量越多，对通信资源和计算资源的需求也越高，技术成本不断增加，但是将IEEE 802.11技术运用在网络连接方面是大材小用，如果蓝牙设备过于复杂，则会产生较高的功耗。而且IEEE 802.11和蓝牙设备还要保持充足的电源，需要定期充电或更换电池，耗电过快、经常更换电池对用户来说非常不方便。

因为一些设备比较小、成本比较低，它们对无线互联网的带宽没有太高的需求，仅仅要求设备低功耗、低延迟。基于人们的这种需求，ZigBee无线通信技术顺势而生。ZigBee技术作为一种无线连接技术，具有低成本、低功耗、低复杂度、低速率的优势，能够应用在便携、移动或固定设备中。ZigBee这个名称来源于蜂群的通信方式，蜜蜂一旦发现了食物源，便通过Zigzag形状的舞蹈将食物源的方向、位置和距离等信息发送给自己的同伴。

一、ZigBee的设备类型

多个路由器、多个终端设备节点和一个协调器节点共同构成一个ZigBee网络。

其中，ZigBee协调器是这三种构成设备中拥有最强计算能力、最大存储容量和复杂程度最高的设备，它将所有网络信息包含其中，其功能在于对网络节点进行管理，对一对节点间的路由信息进行寻找，对网络进行建立，对信息进行接收，对网络信标进行发送，对网网节点信息进行存储。网络建设完成之后，这个协调器便充当着路由器节点的角色。

ZigBee路由器的执行功能包括协助其他设备加入网络，作为数据跳转、协助子终端设备通信。通常，路由器全时间处在活动状态，因此为主供电。但是在树状拓扑中，允许路由器操作周期运行，因此这个情况下允许路由器电池供电。

ZigBee终端设备对于维护这个网络设备没有具体的责任，所以它可以睡眠和唤配，因此能作为电池供电节点。

二、ZigBee网络描述

ZigBee作为一种重要的无线数据传输网络，具有非常高的可靠性，其作用和功效与GSM网络和CDMA网络相似。在数据传输模块方面，ZigBee的作用与移动网络基站相似。通信距离小到标准的75m，大到上百上千米，还能够无限拓展通信距离和范围。ZigBee作为一个传输无线数据的网络平台，包含的无线数据传输模块多达65000个，每个ZigBee

网络数据传输模块在整个网络范围中都可以实现互相通信，并且能够以标准的75m的距离无限拓展每个网络节点间的距离。ZigBee网络和移动通信的CDMA网络或GSM网络的不同之处在于建立ZigBee网络的目的是传输工业现场自动化的控制数据，所以，要求ZigBee网络具有低价格、方便操作、设备简单、可靠性高的特征。每个ZigBee网络节点也作为监控的重点对象，如与ZigBee网络连接的传感器监控和采集网络数据，同时也对其他网络节点传输过来的数据信息进行自动中转。

除此之外，每一个ZigBee网络节点还可在自己信号覆盖的范围内和多个不承担网络信息中转任务的孤立的子节点无线连接。ZigBee支持3种自组织无线网络类型，即星状结构、网状结构和簇状结构，特别是网状结构，具有很强的网络健壮性和系统可靠性。

对于ZigBee技术所采用的自组织网，举一个简单的例子，当一队伞兵空降后，每人持有一个ZigBee网络模块终端，降落到地面后，只要他们彼此间在网络模块的通信范围内，通过彼此自动寻找，很快就可以形成一个互联互通的ZigBee网络，而且，由于人员的移动，彼此间的联络还会发生变化。因此，模块还可以通过重新寻找通信对象，确定彼此间的联络，对原有网络进行刷新，这就是自组织网。网状网络通信实际上就是多通道通信，在实际工业现场，由于各种原因，往往并不能保证每一个无线通道都能够始终畅通，就像城市的街道一样，可能因为道路维修等，使得某条道路的交通出现暂时中断，此时由于有多个通道，车辆（相当于控制数据）仍然可以通过其他道路到达目的地。而这一点对工业现场控制而言非常重要。

一般来说，动态路由是指在网络中传输数据时，没有提前设置好路径，而是在数据传输之前，提前搜索好网络中可以使用的传输路径，并对这些路径的位置关系和远近进行分析，再选择最合适的路径用来传输数据。网络管理软件经常使用梯度法来选择传输路径，具体是指，首先选择最近的一条路径对数据进行传输，如果无法完成传输，则选择稍微远一点的路径用来传输数据，以距离从近到远的顺序来选择传输路径，一直到数据传输成功。之所以在具体的工业现场无法提前设定好传输路径对数据进行传输，主要是因为提前设置好的路径会受到很多因素或意外情况的影响，导致中断传输或者无法及时传输数据。对于这些问题或现象，利用动态路由构成的网状拓扑结构便能实现可靠、及时传输数据。

三、ZigBee协议架构

ZigBee协议栈由高层应用规范、应用汇聚层、网络层、数据链路层和物理层组成，网络层以上的协议由ZigBee联盟负责，IEEE则制定了物理层和链路层标准。应用汇聚层把不同的应用映射到ZigBee网络上，主要包括安全属性设置和多个业务数据流的汇聚等功能。网络层将采用基于Ad hoc技术的路由协议，除了包含通用的网络层功能外，还应该与底层的IEEE 802.15.4标准同样省电。另外，还应实现网络的自组织和自维护，以最大程度地方便消费者使用，降低网络的维护成本。

1.物理层

IEEE 802.15.4提供了两种物理层的选择（868/915MHz和2.4GHz），物理层与MAC层的协作扩大了网络应用的范畴。这两种物理层都采用DSSS技术，降低了数字集成电路的成本，并且都使用相同的帧结构，以便低作业周期、低功耗地运作。

2.4GHz物理层的数据传输率为250kbit/s，868/915MHz物理层的数据传输率分别是20kbit/s、40kbit/s。2.4GHz物理层的较高速率主要归因于基于DSSS方法（16个状态）的准正交调制技术。来自物理层收敛协议数据单元（PPDU）的二进制数据被依次（按字节从低到高）组成4位二进制数据符号，每种数据符号（对应16状态组中的一组）被映射成32位伪噪声码片，以便传输。然后采用最小移位键控方式MSKI对这个连续的伪噪声码片序列进行调制，即采用半正弦脉冲波形的偏移四相移相键控（O-QPSK）方式调制。868/915MHz物理层使用简单的DSSS方法，每个PPDU数据传输位被最大长为15的码片序列（m-序列）所扩展。不同的数据传输率适用于不同的场合，如866/915MHz物理层的低速率换取了较好的灵敏度（-85dBm/2.4GHz，-92dBm/868，915MHz）和较大的覆盖面积，从而减少了覆盖给定物理区域所需的节点数；而2.4GHz物理层的较高速率适用于较高的数据吞吐量、低延时或低作业周期的场合。

2.数据链路层

IEEE 802系列标准把数据链路层分成LLC和MAC两个子层。MAC子层协议则依赖于各自的物理层。IEEE 802.15.4的MAC层能支持多种LLC标准，通过SSCS协议承载IEEE 802.2类型的LLC标准，同时也允许其他LLC标准直接使用IEEE 802.15.4的MAC层的服务。

ZigBee技术MAC层的设计需要考虑到降低成本、容易实现、可靠的数据传输、短距离操作及非常低的功耗等要求，为此采用简单且灵活的协议，主要包括：① 采用IEEE标准64bit和16bit短地址；② 基本网络容量可以达到254个节点；③ 可以配置使用大于65000（216）节点的本地简单网络，而且开销不大；④ 网络协调器、全功能设备（FFD）和简化功能设备（RFD）3种指定设备；⑤ 简化帧结构；⑥ 可靠的数据传输；⑦ 联合/分离；⑧ AFS-128安全机制；⑨ CSMA/CA通道；⑩ 可选的使用新标的超级帧结构。

IEEE 802.15.4的MAC协议包括这些功能：① 设备间无线链路的建立、维护和结束；② 确认模式的帧传送与接收；③ 信道接入控制；④ 帧校验；⑤ 预留时隙管理；⑥ 广播信息管理。

在ZigBee网络中传输的数据可分为三类：① 周期性数据，如传感器中传递的数据，数据速率是根据不同的应用定义的；② 间断性数据，如控制电灯开关时传输的数据，数据速率是由应用或外部激励定义的；③ 还有反复性的低反应时间的数据，如无线鼠标传输的数据，数据速率根据分配的时隙定义。

IEEE 802.15.4子层定义了广播帧、数据帧、确认帧和MAC命令帧四种帧类型。只有广播帧和数据帧包含了高层控制命令或者数据，确认帧和MAC命令帧则用于ZigBee设备间MAC子层功能实体间控制信息的收发。广播帧和确认帧不需要接收方的确认，而数据帧和MAC命令帧的帧头包含帧控制域，指示收到的帧是否需要确认，如果需要确认，并且已经通过了CRC校验，接收方将立即发送确认帧。若发送方在一定时间内收不到确认帧，将自动重传该帧。这就是MAC子层可靠传输的基本过程。

为了提高传输数据的可靠性，ZigBee采用了载波侦听多址避免冲突（CSMA/CA）的信道接入方式和完全握手协议。

而LLC子层的主要功能包括：① 传输可靠性保障和控制；② 数据包的分段与重组；③ 数据包的顺序传输。

3.网络层

ZigBee网络层主要实现网络搭建、节点加入或者离开网络、路由发现和查找、网络数据传送等功能，同时在各种路由算法的基础上支持星状、簇树状、Mesh等多种网络拓扑结构。从节点在网络中扮演的角色考虑，ZigBee网络中存在的节点可分为3种类型，即协调节点、路由节点、终端节点，其中协调节点也称为汇聚节点，路由节点和终端节点统称为传感器节点。汇聚节点和路由节点被称为全功能设备（FFD），终端设备被称为精简功能设备（RFD）。FFD不仅具有数据接收和发送功能，同时还具备路由功能，在数据转发过程中首先对路由线路进行搜索查询，当数据传输过程中路由线路发生变化的时候则对路由表进行维护。而RFD仅仅具备接收和发送数据等简单的功能。同时FFD既可以和FFD通信，还可以和RFD通信，而RFD只能和FFD间建立通信。

（1）星状网络拓扑结构　在星状网络拓扑结构中，整个网络由一个称为ZigBee协调器的设备来控制。ZigBee协调器负责发起和维持网络正常工作，保持同网络终端设备通信。星状网络拓扑结构的网络最简单，但是星状网络中节点的无线通信范围很小（几十米），网络覆盖范围有限，不利于网络功能的扩展。

（2）Mesh网络拓扑结构　Mesh网络拓扑结构中，网络具备较强的自组织和自愈功能，网络中的节点可以通过多跳方式，以完全对等的形式，在节点间进行通信。该网络健壮性较好，例如从源节点到达目的地的路径由多条不同线路组成，当数据在传输途中，一条数据流断裂，该源节点会快速选择其他路由线路继续传递数据至目的节点。当网络中的某个节点由于某种原因而不能正常工作，处于瘫痪状态，该节点不会对整个网络的运行状态产生任何影响。但此网络结构最大的缺点就是网络结构复杂且存储空间开销较大。

（3）簇树状网络拓扑结构　在簇树状拓扑结构中，ZigBee汇聚节点负责启动网络以及选择关键的网络参数，同时，也可以使用ZigBee路由节点来扩展网络结构。路由节点采用分组路由策略来传送数据和控制信息。树状网络可以采用基于信标的方式进行通信，它结合了星形结构和网状结构的优点，为了节省能量，数据采集终端可以作为网络中的端节点，结构节点少，同时汇聚节点可以作为网络控制器负责收集融合网络中的数据，且网络具有可扩展性，可以增加路由节点，扩展覆盖范围，但是随着其有效覆盖面积的增大，信息的传输时延也会相应增大，且同步机制会变得比较复杂。

在ZigBee中，只有PAN协调器可以建立一个新的ZigBee网络。当ZigBeePAN协调器希望建立一个新网络时，首先扫描信道，寻找网络中的一个空闲信道来建立新的网络。如果找到了合适的信道，ZigBee协调点会为新网络选择一个PAN标识符（PAN标识符是用来标识整个网络的，因此所选的PAN标识符必须在信道中是唯一的）。一旦选定了PAN标识符，就说明已经建立了网络，此后，如果另一个ZigBee协调器扫描该信道，这个网络的协调器就会响应并声明它的存在。另外，这个ZigBee协调点还会为自己选择一个16位的网络地址。ZigBee网络中的所有节点都有一个64位IEEE扩展地址和一个16位的网络地址，其中，16位的网络地址在整个网络中是唯一的，也就是IEEE802.15.4中的MAC短地址。

ZigBee协调器选定了网络地址后，就开始接受新的节点加入其网络。当一个节点希望加入该网络时，它首先会通过信道扫描来搜索周围存在的网络，如果找到了一个网络，它就会进行关联过程加入网络，只有具备路由功能的节点可以允许别的节点通过它关联网络。如果网络中的一个节点与网络失去联系后想要重新加入网络，它可以进行孤立通知过程，重新加入网络。网络中每个具备路由器功能的节点都维护一个路由表和一个路由发现表，它可以参与数据包的转发、路由发现和路由维护，以及关联其他节点来扩展网络。

ZigBee网络中传输的数据可分为三类：① 周期性数据，如传感器网中传输的数据，这一类数据的传输速率根据不同的应用而确定；② 间歇性数据，如电灯开关传输的数据，这一类数据的传输速率根据应用或者外部激励而确定；③ 反复性的、反应时间低的数据，如无线鼠标传输的数据，这一类数据的传输速率是根据时隙分配而确定的。为了降低ZigBee节点的平均功耗，ZigBee节点有激活和睡眠两种状态，只有当两个节点都处于激活状态才能完成数据的传输。

ZigBee技术可以应用于田间智能灌溉系统，系统通过ZigBee模块进行田间信息采集和电磁阀控制，ZigBee模块将采集的信息传给GPRS模块，GPRS模块再将信息通过公共网上传到监控中心服务器。

第三节　WLAN无线通信技术

一、无线局域网概述

无线局域网（WLAN）是无线网络的一种形式，其与传统以太网最大的区别是对周围环境没有特殊要求，总之，只要电磁波能辐射到的地方就可搭建无线局域网，因此也就产生了多种多样的无线局域网组建方案。但是在实施过程中应根据实际需求和硬件条件选择一种性价比最高的设计方案，以免造成浪费。Wi-Fi只是WLAN中的一个标准。

WLAN是指以无线信道作传输媒介的计算机局域网。它是无线通信计算机网络技术相结合的产物，是有线联网方式的重要补充和延伸，并逐渐成为计算机网络中一个至关重要的组成部分。

目前，随着无线网络技术的日趋完善，无线网络产品价格的持续下调，WLAN的应用范围也迅速扩展。过去，WLAN仅限于工厂和仓库使用，现在已进入办公室与家庭，乃至其他公共场所。

1.无线局域网的传输方式

（1）扩展频谱方式　在扩展频谱方式中，数据基带信号的频谱被扩展至几倍甚至几十倍移至射频发射出去。这一做法虽然牺牲了频带带宽，却提高了信道系统的抗干扰能力和安全性。由于单位频带内的功率降低，对其他电子设备的干扰也减小。采用扩频方式的无线局域网一般选择所谓的ISM频段，这里ISM分别取自工业、科学及医疗的第一个字母。许多工业科研和医疗设备辐射的能量集中于该频。欧、美、日等国家和地区的无线管理机构分别设置了各自的SM频段。例如，美国的ISM频段由902 ~ 928MHz、2.4 ~ 2.484GHz和5.725 ~ 5.850Hz三个频段组成，如果发射功率及外辐射满足美国联邦通信委员会的要求，则无须向FC提出专门的申请即可使用这些SM频段。

（2）带调制方式　在窄带调制方式中数据基带信号的频谱不做任何扩展即直接发射出去。与扩展频方式相比，窄带调制方式占用频带少，频带利用率高，采用带调制方式的无线局域网一般选用专用频段，需要经过国家无线电管理部门的许可方可使用。当然，也可选用SM频段，这样可免去向无线电管理委员会申请。但带来的问题是，当邻近的仪器设备或通信设备也在使用这一频段时，会严重影响通信质量，通信的可靠性无法得到保障。

（3）红外线方式　基于红外线的传输技术最近几年有了很大发展，目前广泛使用的家电遥控器几乎都是采用红外线传输技术。作为无线局域网的传输方式其中一种，红外线方式的最大优点是这种传输方式不受无线电干扰，且红外线的使用不受国家无线管理委员会的限制。然而，红外线对非透明物体的透过性极差，这导致传输距离受到限制。

2.无线局域网的基本构成

（1）基础网络设备　由于单个无线接入点（可以理解为最简单的无线网络）的覆盖范围非常有限，因此，若欲扩大无线网络的覆盖范围，就必须将多个无线接入点连接在一起，实现无线网络的无缝覆盖，甚至是无线网络漫游。换句话说，必须依托于现有的骨干有线网络，才能实现无线网络设备之间的连接、通信和管理。

① 接入交换机。接入交换机主要用于为无线接入点、无线网桥提供局域网接入和有线网络的连接。对于不便提供电源连接的无线AP，应当选择能支持PoE实现无线网络与

在线供电的交换机；否则，可以直接选择普通接入交换机。其实，支持PoE技术的交换机价格较高，如果只是为少量无线接入点提供远程供电并不划算。

② 汇聚交换机。汇聚交换机主要用于连接接入交换机，即将各接入交换机连接在一起，并实现与核心交换机的连接。汇聚交换机一般采用三层交换机，以实现VLAN之间的路由，并设置各种安全访问列表，通常情况下，汇聚交换机不直接连接无线接入设备。当然，如果用于实现与其他局域子网络的连接，由于网络通信量较大，汇聚交换机也可以用于连接无线网桥。

③ 核心交换机。核心交换机用于连接汇聚交换机，在小型网络中也可用于直接连接接入交换机，从而实现全网络的互联互通。核心交换机往往拥有较高的性能，可处理大量的并发数据交换任务，并实现复杂的路由策略。

（2）无线集线设备　与有线局域网相同，在无线局域网中同样需要集线设备，但与有线局域网不同的是，在无线局域网中使用到的集线设备主要是无线路由器和无线AP。其中，无线路由器主要应用于小型无线网络，而无线AP则可应用于大中型无线局域网中。

① 无线路由器。事实上，无线路由器是无线AP与宽带路由器的结合。借助于无线路由器，可实现家庭或小型网络的无线互联和Internet连接共享。

除可用于无线网络连接外，无线路由器还拥有4个以太网接口，用于直接连接传统的台式计算机或便携式计算机。当然，如果网络规模较大，也可以用于连接交换机，为更多的计算机提供Internet连接共享。

② 无线接入点。在典型的WLAN环境，需要有发送数据和接收数据的设备，这样的设备称为接入点/热点/网络桥接器，也称为无线接入点（AP）。AP所起的作用就是给无线网卡提供网络信号。

通常一个AP能够在几十米至上百米内的范围内连接多个无线用户，在同时具有有线与无线网络的情况下，AP可以通过标准的Ethernet电缆与传统的有线网络连接，作为无线和有线网络之间连接的桥梁而这也是目前的主要应用方式，如计算机通过无线网卡与AP连接，再通过AP与ADSL等宽带网络接入互联网。除此之外，AP本身具有网管的功能，能够针对无线网卡做出一定的监控。为了保证每个工作站都有足够的带宽，一般建议一台AP支持20 ~ 30个工作站。

③ 无线网桥。要实现点对点或点对多点连接时，应当选择使用无线网桥。由于无线网桥往往用于实现网络之间的互联，并且检修和维护非常困难，因此，对产品性能传输速率和稳定性都要求较高。

为了便于实现对网络设备的统一部署和管理，无线网桥建议与其他网络设备（特别是交换机等）选择同一厂商的产品。当然，相互连接的无线网桥更是必须选用同一厂商、同一型号的产品。无线网桥可以在建筑物之间建立起高速的远程户外连接，并且能够适应恶劣的环境。其特性包括：a.坚固耐用的外壳，适合恶劣的室外环境，操作温度的跨度大；b.同时支持点到点和点到多点配置：c.传输距离长（几千米至几十千米），吞吐率高，数据速率可达54Mbit/s；d.支持多种天线。为实现部署的灵活性，提供集成式或任选式外部天线；e.遵守802.11标准，采用增强的安全机制；f.简便的安装，增强的性能；g.可升级的固件，提供投资保护。

④ 无线接入设备。无线接入设备并不单单指某一两种无线设备，从广义上说凡是具有无线网络功能的设备均可视为无线接入设备，如安装有无线网卡的计算机，具有无线功能的手机、无线摄像头等，都可视为无线接入设备。

第一，计算机。计算机需要借助于无线网卡才可以接入到无线网络。对于笔记本电脑而言，目前多数已经集成无线网卡，可以直接接入无线网络。而对于台式机而言，则基本上都没有集成无线网卡，需要用户另行购买。

第二，Wi-Fi手机。智能手机具有独立的操作系统，像个人计算机一样支持用户自行安装软件游戏等第三方服务商提供的程序，并通过此类程序不断对手机的功能进行扩充，同时可通过移动通信网络来实现无线网络接入。

第三，无线摄像头。在很多地方是必须使用摄像头进行监视，如企业仓库、超市等。但在某些地方因为位置等原因，使用传统的有线网络布线比较困难，且通常投资较大。如果使用无线摄像头则可以轻松解决这些问题，因为无线摄像头不需要网络布线，只需将摄像头安装到位，并提供电源支持即可，并且在资金投入方面要比使用有线网络节省得多。

第四，手持无线终端。在某些特定行业中，需要用到特殊的终端设备。例如，在餐饮业的点餐系统中，需要使用无线点餐终端；超市理货员需要使用无线终端对货物进行汇总，或检查商品的价格是否正确等。

第五，其他无线接入设备。

除以上介绍的无线接入设备外，在实际应用中还包括其他无线终端设备，如无线打印共享器等。

⑤ 无线管理与控制设备。无线局域网控制器适用于企业无线局域网部署，并提供了系统级无线局域网功能，如安全策略、入侵防御、服务质量和移动性。从语音和数据服务到地点跟踪，无线局域网控制器提供了必要的控制能力可扩展性和可靠性，以便网络管理员构建从分支机构到主园区的安全企业级无线网络。

3.无线局域网的技术标准

虽然无线局域网使用的传输介质是不可见电磁波，但仍需要像有线网络一样，在通信的无线设备的两端使用相同的协议标准。随着技术的发展，无线网络协议标准也在不断发展和更新。

（1）无线传输标准　IEEE 802.11标准是电气与电子工程师协会（IEEE）制定的无线局域网标准，主要是对网络的物理层和媒质访问控制层进行了规定。目前，已经产品化的无线网络标准主要有4种，即802.11b、802.11g、802.11a和802.11n。

① IEEE 802.11标准。802.11最初定义的3个物理层包括了两个扩散频谱技术和一个红

外传播规范，无线传输的频道定义在2.4GHz的ISM波段内。802.11无线标准定义的传输速率是1Mbit/s和2Mbit/s，可以使用跳频技术（FHSS）和直接序列扩频（DSSS）技术。FHSS和DSSS技术在运行机制上是完全不同的，所以采用这两种技术的设备没有互操作性。

② IEE 802.11b标准。IEEE 802.11工作于2.4GHz，支持最高11Mbit/s的传输速率。传输速率可因环境干扰或传输距离而变化，而且在2Mbit/s速率时与IEEE 802.11兼容。802.11b最大的贡献在于增加了两个新的速度，5.5Mbit/s和1Mbit/s。为了实现这个目标，DSSS被选作该标准的唯一的物理层传输技术。

IEEE 802.11b+是一个非正式的标准，称为增强型802.11b，与IEEE 802.11b完全兼容，只是采用了特殊的数据调制技术。所以，能够实现高达22Mbit/s的通信速率，比IEEE 802.11b标准快一倍。

③ IEEE 802.11a标准。IEEE 802.11a是802.11原始标准的一个修订标准，于1999年获得批准，802.11标准采用与原始标准相同的核心协议，工作频率为5GHz，使用52个正交频分多路复用载波，最大原始数据传输率为54Mbit/s，达到了现实网络中等吞吐量（20Mbit/s）的要求。随着传输距离的延长或背景噪声的增加，数据传输速率可降为48Mbit/s、36Mbit/s、24Mbit/s、18Mbit/s、12Mbit/s、9Mbit/s或者6Mbit/s。802.11a不能与802.11b进行互操作，除非采用了这两种标准的设备。

④ IEEE 802.11g标准。IEEE组织于2004年6月12日正式批准了802.11g。802.11g具有两个最为主要的特征，即高速率和兼容802.11b。802.11g采用OFDM调制技术，从而可以得到高达54Mbit/s的数据通信速率。另外，802.11g工作在2.4GHz频率，并保留了802.11所采用的CCK技术，采用了一个“保护”机制。因此，可与802.11b产品保持兼容，实现与IEEE 802.11b产品的通信。目前，主流无线产品均执行IEEE 802.11g标准。IEEE 802.11与802.11g必须借助于无线AP才能进行通信，如果只是单纯地将IEEE 802.11g和IEEE 802.11b混合在一起，彼此之间将无法联络。

⑤ IEEE 802.11n标准。IEEE 802.11n标准要求802.11n产品能够在包含802.11g和802.11b的混合模式下运行，且具有向下兼容性。在一个802.11n无线网络中，接入用户包括有802.11b、802.11g和802.11n的用户，而且所有用户都采用自己的标准同时与无线接入点进行通信，也就是说，在连接过程中，所有类型的传输可以实现共存，从而能够更好地保障用户的投资。由此可见，IEEE 802.11n拥有比IEEE 802.11g更高的兼容性。

（2）无线安全标准　由于无线网络借助无线电磁波进行数据传输，因此，网络的接入和数据的传输都将变得非常不安全，所以必须采用相应的安全措施，禁止非授权用户访问网络，并保障数据在传输时的安全。

① WEP。在IEEE的802.11h标准成为主流的时代，Wi-Fi在安全方面所依赖的主要是有线等效保密（WEP）加密，然而这种保护措施已被证明是十分脆弱的。WEP加密技术本身存在着一些脆弱点，使得攻击者可以轻松破解WEP密钥。WEP是一种在传输节点之间以RC4形式对分组进行加密的技术，使用的加密密钥包括事先确定的40位通用密钥，发送方

为每个分组所分配的24位密钥，这个24位的密钥被称为初始化向量（IV），该向量未经加密就被包含在分组当中进行传输。对于Wi-Fi这样较小范围内有较多连接数的无线技术来说，IV通常会在较短的时间内被分配殆尽，也就是说，在网络中会出现重复的IV。如果攻击者能够通过嗅探获得足够的通过同一IV加密的数据包，就可以对密钥进行破解。

② EAP。可扩展验证协议（EAP）用于在请求者（无线工作站）和验证服务器（AS或其他）之间传输验证信息，实际验证有EAP类型定义和处理。作为验证者的接入点只是个允许请求者和验证服务器之间进行通信的代理。

③ WPA。WPA是推荐的802.11i标准的安全特性的一个子集。Wi-Fi联盟推出了过渡性的无线安全标准WPA，致力于替代旧的WEP安全模式，为Wi-Fi系统提供更高阶的安全保护，由于WPA是一种基于软件层的实现，所以可以应用于所有的无线标准。

④ WPA2。为了提供更好的安全特性，也为了使WPA在市场上获得更广的普及，Wi-Fi联盟又在802.11i标准正式发布之后推出了WPA2。WPA2与WPA最大的不同在于WPA2支持AES加密算法，AES能够为信息提供128位加密能力，目前大部分设备的处理能力都无法进行128位的加密和解密操作，所以，必须进行升级才能支持WPA2标准，WPA2的全面应用已经不仅仅需要上游的厂商升级设备，更重要的是大量使用旧设备的消费者同样需要升级他们的无线网卡。

⑤ WAPI。无线局域网鉴别和保密基础结构（WAPI）是中国的无线局域网安全标准，由ISO/IEC授权的IEEE Registration Authority审查获得认可，与IEEE的WEP安全协议类似。

二、无线局域网的组件选择

在选择无线设备时，为了保持最大程度的普遍性，以及网络管理的整体性与统一性，应当尽量选择同一厂商、同一系列和同一标准的产品。当然，如果资金和条件允许，还应当选择与以太网设备同一厂商的产品。

1.无线网卡

无论是有线网络还是无线网络，网卡都是接入网络所必需的，所不同的是在有线网络中使用的是以太网网卡，而在无线网络中使用的是无线网卡。

（1）无线网卡的类别

① 根据接口类型分类。无线网卡根据接口类型的不同，主要分为4种，即PCMCIA无线网卡、PCI无线网卡、USB无线网卡和无线网络适配器。

第一，PCMCIA无线网卡仅适用于笔记本电脑，支持热插拔，可以非常方便地实现移动式无线接入。

第二，PCI无线网卡适合普通的台式计算机使用。其实PCI接口的无线网卡往往是在PCI转接卡上插入一块普通的PC卡。

第三，USB无线网卡适用于笔记本电脑和台式机，支持热插拔。不过，由于USB网卡对笔记本而言是个累赘，因此，USB网卡通常被用于台式机。

另外，便捷式计算机接入无线网络，可以直接使用计算机自身所带的无线网卡实现，但前提是便捷式计算机需要集成有无线网卡。目前几乎所有的便携式计算机都集成有无线网络接口（当然也集成有传统的以太网接口），因此对于便捷式计算机而言，接入无线网络更加简单。

② 根据无线传输标准分类。从无线网卡可执行的传输标准分类如下。

第一，同时支持802.11b、802.11g和802.11a、802.11n。

第二，同时支持802.11b、802.11g和802.11a。

第三，同时支持802.11b、802.11g和802.11n。

第四，同时支持802.11b、802.11g。

支持越多的无线标准，意味着拥有更大的接入灵活性。当然，支持的标准越多，产品价格也就越高。

802.11n工作于2.4GHz的频带，支持最高300Mbit/s的传输带宽。802.11n可向下兼容，即可兼容802.11g和802.11b。当802.11n工作于802.11g或802.11b的兼容模式时，将会自动降低传输速度，实现与低标准的速度同步。

802.11g也工作于2.4GHz的频带，最高传输带宽也高达54Mbit/s，并与802.11b相互兼容，可以有效地保护用户原有投资。同时，借助“速展”和“域展”等特殊技术，802.11g的传输速率高达108Mbit/s，有效传输距离也大幅增加。因此，建议作为家庭搭建无线网络的首选设备。

802.11b与802.11g必须借助于无线AP或无线路由才能进行通信，如果只是单纯地将802.11g和802.11b混合在一起，彼此之间将无法联络。因此，搭建对等无线网络时，必须选择执行相同标准的无线网卡。

802.11b工作于2.4GHz的频带，支持最高11Mbit/s的传输带宽。传输速率可因环境干扰或传输距离而变化，在11Mbit/s、5.5Mbit/s、2Mbit/s、1Mbit/s之间切换。室内通信距离约为3050m。由于802.11b的传输速率远远低于802.11g/a和802.11n，已经被彻底淘汰。

802.11a工作于5GHz的频带，最高传输带宽可高达54Mbit/s。虽然基本满足了现行局域网绝大多数应用的速度要求，并采用了更为严密的算法，但由于802.11b/g与802.11a工作的频带不同，因此彼此之间无法兼容，也已经逐渐淡出市场。

（2）无线网卡的选择　面对品牌众多、不同类型的网卡，如何选择最适合自己的网卡才是最重要的。另外，不同的使用环境所选择的网卡也是不同的，具体可根据如下方法进行选择。

对于家庭用户而言，应尽量选用同一标准、同一品牌的无线网卡，这是因为同一品牌的产品之间的兼容性，要比不同品牌之间的兼容性好。由于家庭用户通常使用ADSL作为接入Internet的方式，而ADSL的连接速度多为2Mbit/s或4Mbit/s，因此，选择支持802.11g标准的普通无线网卡即可。不过，考虑到未来无线网络发展的需要，建议家庭用户在选购时，也可选用速度更快的802.11n产品。

对于企事业单位而言，因为用户所使用的接入设备的标准通常并不相同，因此，无线AP设备通常会支持多种无线标准。而对于接入用户而言，所选择的无线网卡，一定要支持无线AP所采用的无线标准。另外，由于企业用户对稳定性要求较高，因此，建议选择专业级别的无线网卡。

无论是家庭用户还是企业用户，在选择无线网卡的接口时，都应根据自己的实际需要进行选择。例如，对于移动性很强的便携式计算机，可以选购PCMCIA接口或USB接口，而对于位置比较固定的计算机，则可以选购PCI接口和USB接口的无线网卡。

注意，便携式计算机已经内置了对无线网络的支持组件，因此，通常情况下不需要再另行购置无线网卡。台式计算机若欲接入无线网络，才需要购置合适的无线网卡。有些一体机（如苹果一体机）也内置了无线网卡。

（3）无线网卡的安装　不同的网卡安装方法也是不同的，PCI网卡需要拆开机箱，将其安装到主板的PCI插槽中，PCMCIA网卡和USB网卡直接插入计算机相应的插槽中即可。

① PCI网卡的安装。关闭计算机并断开电源后，打开机箱。用螺丝刀将PCI插槽后面机箱上对应的挡板去掉。空闲的PCI插槽是用来安装各种扩展板卡，如网卡、显卡、声卡、电视卡等。将网卡小心插入机箱中对应的PCI插槽。安装时两手的用力要均匀，以保证网卡引脚与插槽之间的正常接触；按压网卡的时候，不可用力过猛，但最好要保证网卡的金属引脚与PCI插槽充分接触。用螺钉将网卡固定好，然后盖好机箱，上好机箱螺丝即可。

② PCMCIA网卡的安装。PCMCIA网卡的安装是比较简单的，在笔记本电脑的一侧找到相应的PCMCIA插槽，将有两排长长的孔的一端向前，有图案的一侧向上，轻轻插入到PCMCIA插槽内。持续缓慢用力，直至无法再行插入为止。由于PCMCIA网卡支持热插拔，所以，无论计算机是处于何种状态（关机或运行），都可以执行该操作。笔记本电脑通常都拥有两个PCMCIA插槽，需要注意对准相应的插槽。

③ 无线网卡驱动程序的安装。以AVAYA Wireless产品为例，介绍无线网卡驱动程序的安装。AVAYA无线网卡的驱动程序可以到AVAYA技术支持网站下载，然后再解压缩得到ZIP文件。PCMCIA、PCI和USB接口网卡在Windows下的安装过程非常类似，下载解压驱动程序后直接安装即可。

2.无线AP

为了实现网络统一管理和无线无缝漫游，无线AP必须选择同一厂商、同一标准、同一型号的产品。当然，不同区域的无线漫游网络，可以选择不同的标准和型号。但是，同一漫游网络中的无线AP标准与型号必须完全相同。

（1）无线AP的类别　Cisco无线AP从管理方式上，可以分为以下两种。

①“胖”AP。“胖”AP又称为自治型无线接入点，拥有自己的操作系统和配置管理系统，需要独立配置和管理。每个无线接入点都是一个独立的管理与工作单元，可以自主完成包括无线接入、安全加密、设备配置等在内的多项任务，不需要其他设备的协助，

可达到立即安装、立即开通的效果。“胖”AP对于快速部署中、小型无线局域网非常有效而且节省投资。但是因为需要对每台AP都要单独进行配置，费时、费力，当运营商部署大规模的WLAN网络时，部署和维护成本高。

②“瘦”AP。“瘦”AP又称轻型无线AP，必须借助无线网络控制器进行配置和管理。而采用无线网络控制器加“瘦”AP的架构，可以将密集型的无线网络和安全处理功能从无线AP转移到集中的无线控制器中统一实现，无线AP只作为无线数据的收发设备，大大简化了AP的管理和配置功能，甚至可以做到“零”配置。

（2）无线AP的选择　在选择无线AP时，主要根据无线AP所使用的环境（室内或室外）选择合适的设备，这里以Cisco无线AP为例进行介绍，具体的要求如下。

① 传输速率。54Mbit/s的802.11g已经成为主流产品，同时，无线网络又是共享式网络，所以，更需要无线AP提供较高的传输速率。由于迅驰笔记本电脑内置了对802.11b/g支持的无线网卡，并且802.11g无线AP能够很好地兼容802.11b无线客户端设备，所以，802.11g产品就成为不二选择。

② 性能优良。当局域网用户数量较多，多媒体应用较为丰富时，希望无线AP不会导致无线网络接入拥塞。性能较好的无线AP的时延可以近似忽略，不会影响并发用户访问。

③ 运行稳定。无线AP与其他网络设备类似，往往是7×24h不间断运行。所以，对无线AP的稳定性要求非常高。同时，不是所有的场所都能提供恒温、恒湿的环境，因此，要求无线AP能够在各种恶劣的环境中正常工作。最后，无线AP一旦完成安装和配置，后续的维护工作将比较困难，因此，对产品质量要求非常高。

④ 可管理性。对于拥有大量无线AP的网络而言，为了实现统一管理和监控，要求无线AP必须支持SNMP协议和MIB，能够被第三方网管工具软件发现和管理，可以借助TELNET、TFTP或其他方式进行快速配置、远程管理与维护，并能够升级固件以满足安全和功能的新需求。

⑤ 功能丰富。支持多无线AP的负载均衡，能够将用户连接分布到多个可用接入点上，提高总吞吐量为智能网络服务提供端到端的解决方案支持，并支持无线漫游和QoS服务质量。

⑥ 接入安全。能预防主动和被动安全攻击，支持WEP、WPA和WAPI，借助用户访问列表实现IEEE802.1x和EAP认证，以及MAC地址过滤。支持RADIUS服务器认证，支持用户登录注册。

⑦ 便于安装。无线AP应当能够方便地固定到天花板、墙壁或其他位置，以适应各种场所中无线AP的安装，并且能够根据需求的变化，在工作区内随意移动。

⑧ 远程供电。在某些无线应用场合，如果直接向无线AP提供市电，一是不安全，二是不方便，此时，能否支持PoE供电就显得尤其重要。当然，不是所有的无线AP都需要采用PoE供电方式，作为一种昂贵的供电方式（必须借助远程供电模块或PoE交换机才能实现），远程供电只被少量应用于一些特殊的场所。

3.无线路由器

无线路由器事实上就是无线AP与宽带路由器的结合。借助于无线路由器，可实现无线网络中的Internet连接共享，实现ADSL、Cable Modem和小区宽带的无线共享接入。如果不购置无线路由，就必须在无线网络中设置一台代理服务器才可以实现Internet连接共享。

（1）无线路由器的类别　无线路由器除拥有无线网络接口外，还通常拥有4个以太网接口，用于直接连接传统的台式计算机。由于无线路由器的性能往往较差，因此，通常只被应用于组建SOHO或小型无线网络。

无线路由器主要以所支持的协议类型进行分类，但就目前的无线路由器市场而言，多数无线路由器均支持802.11g标准。这主要是因为支持802.11g标准的无线设备，可以很好地向下兼容，即兼容802.11b标准。由于802.11n设备可以很好地兼容802.11b/g标准，使其802.11n设备的市场占有率也在慢慢地升高，对于具有一定条件的用户，则可购买支持802.11n标准的设备，使其能够获得更好的网络速率。

（2）无线路由器的选择　在选择无线路由器时，可按照性能优先、品质保证和功能满足的要求进行选择，具体应该注意以下方面的问题。

① 数据传输率。与有线网络类似，无线网络的传输速率是指在一定的网络标准之下接收和发送数据的能力。但有所不同的是，在无线网络中，数据传输率和网络环境有很大的关系。因为在无线网络中，数据的传输是通过天线信号进行的，而周围的环境或多或少都会对传输信号造成一定的干扰。

② 信号覆盖范围。所谓的覆盖范围为无线路由器的有效工作距离，只有在无线路由器的信号覆盖范围内，无线接入设备才能进行无线连接。通常情况下，在室内20m范围内有较好的无线信号，在室外的有效工作距离为50m左右。

③ 网络接口。常见的无线路由器一般都有RJ-45类型的四个LAN接口和一个WAN接口，其中LAN用于连接普通局域网接入设备，而WAN接口则是无线路由器连接到外部网络的接口。

④ 增益天线。在无线网络中，天线可以达到增强信号的目的，可以把它理解为无线信号的放大器。

⑤ 测试设备。在选购无线路由器时，如果条件允许，最好测试一下机器的性能，如测试设备电源、开关、路由器指示灯等基本硬件以及信号覆盖范围和传输速率等。具体地讲，无线传输速率的测试方法是：利用文件的传输时间来测试速率。通常情况下，54MB的无线路由器传输一个100MB大小的文件，大约需要1min，而300MB的无线路由器传输一个100MB大小的文件，只需要30s。

4.无线天线

天线是无线通信系统的关键组成部分之一。选择劣质的天线可能影响甚至使系统无法运行；反之，正确的选择可以使整个系统达到最佳运行状态。

（1）无线天线的选择　无论是无线网卡、无线AP、无线网桥还是无线路由，都内置有无线天线。因此，当传输距离较近时，不需要安装外置的无线天线。然而，当在室内传输距离超出20～30m范围，室外超出50～100m范围时，就必须考虑为无线AP或无线网卡安装外置天线，以增强无线信号的强度，延伸无线网络的覆盖范围。天线的品种比较多，可以分别适应不同频率、不同用途、不同场合、不同要求的情况，因此，在选购天线时，应当注意以下因素。

① 无线标准。目前，可用的无线网络的标准主要有4个，即802.11b、802.11g、802.11a和802.11n。执行不同标准的无线设备，应当选择与其标准相适应的无线天线。

② 应用环境。当需要远距离通信时，无线AP和无线路由的天线通常位于室内（用于室外覆盖的无线AP的天线也位于室外），而无线网桥的天线则位于室外，因此，应当根据需要选择适用于不同环境的室内天线或室外天线。

③ 传输方向。如果无线信号发送和接收的方向性非常强，为了提高网络传输距离和信噪比，应当采用定向天线；如果无线信号需要覆盖的范围非常大，则应当采用全向天线。

④ 网络类型。对于对等网络而言，所有无线网卡都应当采用全向天线。如果无线网络中只有两块，应当全部采用定向天线。

对于接入点网络而言，由于无线AP或无线路由需要为无线网络内所有的无线网卡提供无线连接，应当选择全向天线。对作为移动的无线客户端而言，由于其位置往往不断变化，因此，通常也选择全向天线。个别距离无线AP较远的无线客户端，也可采用定向天线接入无线网络。为了扩大无线信号的覆盖范围，通常情况下，无线漫游网络应当全部采用全向天线。

点对点传输模式的方向性非常强，因此，全部采用定向天线。

点对多点传输模式，除中心点采用全向天线外，其他点则采用定向天线。对于基于802.11n标准构建的点对多点无线网络，中心点和其他点也可全部采用定向天线。

⑤ 兼容性能。802.11n采用了一种软件无线电技术，是一个完全可编程的硬件平台，使得不同系统的基站和终端都可以通过这一平台的不同软件实现互联和兼容，使得WLAN的兼容性得到极大改善。然而，802.11n如果希望同时实现与802.11b/g和802.11a的兼容，必须同时连接2.4GHz和50GHz天线。

⑥ 覆盖范围。当需要远距离传输时，应当选择高增益的天线，而对于传输距离较近的无线网络而言，可以选择低增益天线。通常情况下，高增益天线适合远距离传输，而低增益天线则适合做网络漫游等需要大覆盖范围的应用场景。增益的大小使用dBi表示，室内天线大多为2～5dBi，室外天线大多为9～14dBi。

⑦ 安装位置。尽管有些室内天线既可以安装于桌面，也可以安装于墙壁，但也有些产品只适合置于桌面。因此，应当根据无线AP或无线路由的安装位置，来确定采用适当类型的室内天线。

⑧ 产品品牌。尽管无线产品都执行同一国际标准，但不同产品往往拥有不同的接口，

使用不同的电缆。不同品牌的无线天线往往不能通用，应当选择与无线产品同一品牌的无线天线。

（2）无线AP和天线的安装位置　无线AP是无线网和有线网之间沟通的桥梁。由于无线AP的覆盖范围是一个向外扩散的圆形区域，因此，应当尽量把无线AP放置在无线网络的中心位置。从无线网络覆盖范围来说，一个符合802.11b标准的无线宽带路由器的室内覆盖范围虽然只有30m左右，但足以覆盖整个房屋，不过钢筋混凝土结构的承重墙对无线信号的阻碍极强，基本上可以说是100%的阻隔，而且各无线客户端与无线AP的直线距离最好不要超过30m，以避免因通信信号衰减过多而导致通信失败。为了获得更大的信号覆盖范围，建议在条件允许的情况下把AP和路由器尽量安置在房间比较高的位置。

如果是复式结构住宅或者别墅考虑布置无线网络，每层最好都配置专门AP端口。无线宽带路由器可能需要摆在高处或空旷的地方，以便四周可以获得更强的信号。另外，因为无线信号是以球形来发射的，信号覆盖主要以球形半径为测量和评价标准，因此将无线设备放置到房间的中部区域能够最大限度地达到信号覆盖效果，否则在我们的房间内很可能会出现盲点。

要部署封闭的无线访问点，第一步就是合理放置访问点的天线，以便能够限制信号在覆盖区以外的传输距离。对于室内天线建议别将天线放在窗户附近，因为玻璃无法阻挡信号。最好将天线放在需要覆盖的区域的中心，尽量避免信号泄露到墙外。对于室外天线应该选择安装在无线网络的中心区域的电线杆高处或高层建筑楼顶或高塔之上。

三、无线局域网的主要模式

无线局域网与传统以太网最大的区别就是对周围环境没有特殊要求，只要电磁波能辐射到的地方就可搭建无线局域网，因此，也就产生了多种多样的无线局域网组建方案，应当根据实际环境和网络需求来选择采用何种无线网络组建方案。

1.对等无线网络

所谓对等无线网络方案，是指使用两台或多台计算机使用无线网卡搭建对等无线网络，以实现计算机之间的无线通信，并借助代理服务器实现Internet连接共享。

（1）对等无线网络的组成　在这种网络中，台式计算机和笔记本电脑均使用无线网卡，没有任何其他无线接入设备，是名副其实的对等无线网络。如果每台计算机都拥有无线网卡，而支持迅驰技术的笔记本电脑都提供了对无线网络的支持，因此只需将所有计算机简单设置为无线对等连接，即可实现彼此之间的无线通信。

若需将其中一台计算机设置为代理服务器，则只要在该计算机上同时安装无线网卡和以太网卡，分别连接至ADSLModem和无线网络，即可实现对等无线网络的Internet连接共享。

对等无线网络中的所有客户端都必须设置唯一的网络名标识（SSID），用于区分与之相邻的无线网络。唯有如此,相关的无线客户端才能加入至同一无线网络，实现彼此之间的通信。由于对等无线网络接入的客户端数量相对较少，且大多为临时使用。因此，SSID字符串可以由无线客户端用户临时协商，并设置一致。

（2）对等无线网络的优势

① 费用低廉。不需要购置昂贵的无线宽带路由器或无线AP，只需为每台计算机购置一块无线网卡，即可实现彼此之间的无线连接。对于已经内置有无线网卡，提供了对无线网络支持的笔记本电脑而言，甚至不需要任何额外的购置费用。

② 宽带适中。IEEE 802.11g标准所提供的传输速率为54Mbit/s，而IEEE 802.11n所提供的传输速率则为150Mbit/s。当然，该传输带宽是由入网的几台计算机所共享，因此，无线对等网络中的计算机数量不宜太多。

③ 连接灵活。采用无线方式实现计算机之间的连接，既不需要使用有线通信线缆，更不需要考虑网络布线的问题，加入无线网络的计算机只要在适当的距离之内，就可以非常灵活地进行连接。

（3）对等无线网络的适用情况

① 临时网络应用。一同出游的朋友之间、野外作业的同事之间、列车上相识的旅客之间、外出采风的摄影朋友之间，都可以借助对等无线网络互传文件、对战游戏、共享资源，甚至在移动的车辆上都可以始终保持网络连接的畅通。不过，无线信号在封闭空间的有效传输距离为20 ~ 30m。

② 家庭无线网络。对于二人世界的Mini家庭而言，甚至不需要无线路由器，就可以实现简单的文件资源共享和Internet连接共享。

③ 简单网络互联。对于需要实现简单文件资源共享的两台或多台计算机，也可以采用无线网络实现互联。但是，要求所有接入网络的无线网卡都采用统一的无线标准。

2.独立无线网络

所谓独立无线网络，是指无线网络内的计算机之间构成一个独立的网络，无法实现与其他无线网络和以太网络的连接，独立无线网络由一个无线访问点和若干无线客户端组成。

（1）独立无线网络的组成　独立无线网络方案与对等无线网络方案非常相似，所有计算机都必须安装无线网卡，或者内置无线网络适配器。所不同的是，独立无线网络方案中加入了一个无线访问点。无线访问点类似于传统以太网中的集线器，可以对无线信号进行放大处理。一个无线工作站到另外一个无线工作站的信号都经由该无线AP放大并进行中继。因此，拥有AP的独立无线网络的网络直径将是对等无线网络有效传输距离的1倍，室内通常可以达到50 ~ 60m，室外通常可以达到100 ~ 200m。

独立无线网络也必须设置唯一的SSID，即需要连接至此网络并配备所需硬件的所有无线设备（包括无线计算机、打印机和摄像头等）均必须使用相同的网络名进行配置。

SSID通常被指定为公司名称或其他易于识别的字符串，用于区分与之相邻的无线网络。

借助SSID技术，可以将一个无线局域网分为几个需要不同身份验证的子网络。每个子网络都需要独立的身份验证，只有通过身份验证的用户才可以进入相应的子网络，防止未被授权的用户进入本网络。

无线客户端只要在无线AP信号覆盖的范围内，即可与无线AP以及其他无线客户端进行通信。换言之，独立无线网络中的无线客户端，既可以与无线AP通信，也可以与其他无线客户端通信，二者并行不悖。

（2）独立无线网络的优势

① 覆盖范围较大。由于无线客户端之间的无线通信都经由无线AP中继，因此，无线信号的覆盖直径至少为原来直径的2倍，覆盖范围大幅增加。

② 接入客户端数量较多。由于一台无线AP最多可以支持30个无线客户端，因此，每个独立无线网络中的计算机数量可以达到30台左右。当然，由于无线网络是共享宽带，考虑到传输效率和速率的问题，每个无线接入点推荐接入10 ~ 15个无线客户端。

③ 兼容多种无线标准。802.11g无线AP可以同时支持802.11b/g两个无线标准，而802.11n则可以同时支持802.11b/g/n三个无线标准，从而实现多个无线标准的无线客户端彼此之间的通信。

（3）独立无线网络的适用情况

① 临时网络应用。由于独立无线网络的安装比较简单，只要一台无线AP就可以搭建一个小型无线网络，不需要进行网络布线，因此，特别适用于一些需要临时组建网络的应用场景。

② 小型办公网络。由于每个无线接入点能够容纳的计算机数量有限，因此，独立无线网络只适用于组建规模不大的小型无线网络，容纳的计算机数量最多不超过30台，以10 ~ 15台为宜。

3.接入无线网络

当无线网络用户足够多，或者确有无线接入需求时，可以在传统的局域网中接入一个或多个无线接入点，从而将无线网络连接至有线网络主干。无线AP在无线工作站和有线网络主干之间起网桥的作用，实现了无线与有线的无缝集成，既允许无线工作站访问网络资源，同时又为有线网络增加了可用资源。

（1）接入无线网络的组成　由于无线AP都拥有一个以太网接口，因此，可以借助安装无线AP的方式，实现无线局域网与有线局域网的融合，实现无线客户端与有线客户端和服务器的通信，不仅可以实现局域网资源的共享，而且提升了传统局域网接入方式的灵活性。

（2）接入无线网络的优势　接入无线网络用于将大量的移动用户连接至有线网络的场景，从而以低廉的价格实现网络直径的迅速扩展，或为移动用户提供更灵活的接入方式。无线AP使用双绞线连接至局域网交换机或宽带路由器，实现网络扩展和Internet连接共享。接入无线网络的优势具体如下。

① 灵活接入。在无线信号的覆盖范围内，笔记本电脑用户即可接入无线网络（传统台式机则只需安装一块无线网卡），实现与其他用户和局域网的连接，共享网络资源和Internet连接。

② 扩充简单。由于不需要重新布线，也不需要使用跳线和信息插座，因此，可以随时容纳新加入的用户，网络扩展变得十分简单。

③ 兼容有线。与无线AP相连的交换机，除了可用于连接无线AP外，还可直接连接计算机或交换机，从而实现无线网络与有线网络的兼容与通信。

④ 无线覆盖有限。无线网络在室内的覆盖半径只有20 ~ 30m，所以该方案的无线覆盖范围非常有限。因此，无线接入应当只被应用于最需要移动接入的地方。

（3）接入无线网络的适用情况

① 频繁接入和离开网络的用户。网络通信量不是很大，而且绝大多数用户都对移动办公有较高的要求（如笔记本电脑用户），或者需要频繁接入或离开网络（如公司售前和售后人员）。

② 临时接入局域网。对于一些需要临时接入局域网的场合，比如会议室、接待室等，也可以采用无线接入方式，为移动办公用户提供灵活方便的网络接入。

③ 不方便布线的场合。对于一些跨度较大、用户数量不多、不方便布线的场合，若欲实现网络资源共享、办公自动化或电子商务，也可采用无线接入方式。

④ 局域网的补充。由于无线AP可以提供灵活的、可扩展的网络接入，因此，被广泛应用于各种类型的局域网络，作为局域网络传统接入方式的有效补充。

4.无线漫游网络

（1）无线漫游网络的组成　欲实现无线网络漫游，必须在漫游区域内实现无线信号的无缝覆盖。由于每个无线AP的信号范围有限，因此，无线漫游的区域越大，需要的无线AP数量越多。通常情况下，都是借助已有的传统局域网，将所有的无线AP逻辑地连接在一起，并借助专门的无线局域网控制设备实现对无线AP的自动化配置和管理。

无线漫游网络用户在无线信号覆盖区域内的移动过程中，根本感觉不到无线AP间进行的切换，能够持续地保持与无线网络的连接，并进行正常的网络通信。

所有无线AP不必连接至同一交换机，甚至不必划分至同一VLAN。只要所有无线AP逻辑地连接在一起，并能够实现与无线局域网控制设备的通信，即可实现无线漫游。当需要在室外实现无线漫游时，则必须实现室外的无线覆盖，即应当在建筑内安装若干个无线AP，并连接至网络主干，实现无线局域网控制设备的通信。

（2）无线漫游网络的适用情况

① 不便布线的场所。由于无线蜂窝覆盖技术的漫游特性，使其成为应用最广泛的无线覆盖方案，适合在仓库、机场、医院、图书馆、报告厅、会议大厅、办公大厅、会展

中心等不便于布线的环境中使用，快速简便地建立起区域内的无线网络，用户可以在区域内的任何地点进行网络漫游，从而解决了有线网络无法解决的问题，为用户带来了最大的便利。

② 需要提供灵活接入的场所。适合学校、智能大厦、办公大楼等移动办公需求较多，需要提供灵活网络接入的场所。

5.点对点无线网络

点对点无线网络，是指使用两个无线网桥，采用点对点连接的方式，将两个相对独立的网络连接在一起。点对点通信使用独享的“信道”，不受其他人的干扰。当建筑物之间、网络子网之间相距较远时，可使用高增益室外天线的无线网桥以提高其覆盖范围，实现彼此之间的连接。

（1）点对点无线网络的组成　在点对点无线网络中，必须将其中一个无线网桥设置为“Root”（根），另一个无线网桥设置为“Non-root”（非根），一个“根”和一个“非根”才能实现彼此之间的通信。通常情况下，离网络核心交换机较近的一端设置为“根网桥”，另一端设置为“非根网桥”。另外，为了增大无线信号的增益，延长有效传输距离，点对点无线网络应当采用室外定向天线。

（2）点对点无线网络的适用情况　点对点无线网络，通常使用于两个建筑物、两个园区、总部与分支机构之间的连接。当建筑物之间、园区和单位内部采用光纤或双绞线等有线方式难以连接时（如中间间隔有道路、河流等，或者因相距较远敷设光纤费用太高），可采用点对点的无线连接方式。可以将每栋建筑或独立区域视为一个局域网络，只需在每个网段中都安装一个无线网桥，即可实现网段之间点对点的连接。由于无线网桥均同时拥有无线接口和以太网接口，因此，只需将无线网桥与汇聚交换机连接在一起，即可实现两个局域网络之间的远程无线互联。

6.点对多点无线网络

点对多点无线网络，是指使用多个无线网桥，以其中一个无线网桥为根，其他非根无线网桥分布在其周围，并且只能与位于中心的无线网桥通信，从而将多个相对独立的网络连接在一起，实现彼此之间的数据交换。

（1）点对多点无线网络的组成　每个需要连接到网络的子网都连接一台无线网桥，由于无线网桥之间可以相互通信，因此，连接至网桥的局域网之间也就可以进行通信了。在点对多点的无线网络拓扑中，位于中心的无线网桥因为要与位于周围不同位置的无线AP进行通信，因此，需要使用全向天线。而其他无线网桥，因为其只与中心网桥通信，为了能够达到最好的通信质量，则需要选用定向天线。

（2）点对多点无线网络的适用情况　点对多点无线网络适用于3个或3个以上的建筑物之间、园区之间，或者总部与分支机构之间的连接。当采用光纤或双绞线等有线方式难以连接，或者连接费用太高时，可以采用点对多点的无线连接方式。可以将单位的各个部分分别看作一个局域网，只需在每个网段中都安装一个无线网桥，即可实现网段之间点对多点的连接。

点对多点无线网络，一般用于建筑群之间的各个局域网之间的连接，在建筑群的中心建筑上方安装一个全向无线AP，在其他建筑上安装指向中心建筑的定向无线AP，即可实现与其覆盖范围内的其他建筑的局域网互联。由于公司和高等院校的不断整合，大量公司往往划分为总部和分支机构，而高等院校也往往划分为若干个校区。如果使用传统的有线网络，由于经费开支、市政规划等各种原因，根本不可能实现网络布线。无论是租用电信企业的光纤还是租用电力企业的电杆，都因为费用太高而成为不可能实现的方案。此时，采用点对多点无线网络无疑是最经济、也最可行的方案。只要建筑物之间并没有太大的障碍物，不会对无线信号的传输造成影响，便可以通过建立无线网络的方式实现网络的互联。

四、小型办公无线局域网的构建

1.方案选择

在小型办公网络中，无论是共享Internet连接、共享打印，还是共享资源，都是必不可少的网络应用。如果采用传统的方式，不仅显得非常繁琐，而且往往受到网络接口的限制。采用无线网络就大不同了，在任何覆盖无线信号的范围内，都可以随心所欲地共享计算机的资源。

（1）对等无线网络方案　对等无线网络方案，是无线网络的基本应用形式，其中的每台计算机都不需要额外的设备投入，只需安装必要的无线网卡，即可实现计算机间的通信。另外，使用无线网络同样可以实现共享Internet的目的。

（2）无线路由器方案　所谓无线路由器方案，是指采用无线路由器作为集线设备，实现计算机之间的无线连接，并共享Internet接入。

① 方案分析。无线路由器不但可以提供无线客户端的接入，还可以实现无线网络中的Internet连接共享，实现ADSL、Cable Modem和小区宽带的无线共享接入。如果不购置无线路由器，就必须在无线网络中设置一台代理服务器才可以实现Internet连接共享。无线路由器除可实现无线接入外，通常还拥有1 ~ 4个以太网端口，允许计算机直接使用跳线连接至以太网接口。

该方案适用于以下情况。

第一，ADSL接入：ADSL Modem必须采用RJ-45接口，且不具有路由功能或者采用了桥接方式。

第二，住宅小区LAN方式接入。

② 设备选择。无线路由器方案，除了需要一台无线路由器外，无线接入的计算机还应当各安装一块无线网卡。对于家庭用户而言，建议选择国产著名品牌（如TP-Link）的

无线套件。所谓无线套件，通常是一块无线网卡与一台无线路由器的组合。之所以推荐选择套件是因为厂商在销售套件时会采用一种特殊优惠的销售策略，价格会更便宜。

（3）“无线AP+宽带路由器”方案 “无线AP+宽带路由器”方案采用无线AP作为无线客户端的接入设备，然后再使用宽带路由器作为传统的集线设备，实现无线AP之间的互联和无线用户的漫游，为所有用户提供灵活的无线网络接入和Internet共享连接。

“无线AP+宽带路由器”方案为纯无线接入方案，根据办公场所的面积和分布情况，安装2个或3个无线AP，实现无线信号的全部覆盖，并分别设置不同的频道，实现用户在整个企业的无线网络漫游。所有无线AP均使用双绞线连接至宽带路由器，实现无线AP之间的相互连接，并实现Internet连接共享。打印机既可以安装网络适配器连接至宽带路由器，也可以安装无线网络适配器无线接入SOHO网络。

（4）“交换机+无线路由器”方案 “交换机＋无线路由器”方案为无线与有线混合接入方案，适用于规模较小、对移动办公有一定需求的小型办公网络。由于无线路由器既可为无线网卡提供WLAN接入，又拥有4个以太网LAN接口，实现与计算机、交换机和集线器的连接，从而实现无线与有线的融合。同时，由于无线路由器具有宽带路由的功能，所以也可为整个办公网络提供Internet连接共享。

（5）“无线AP+交换机+宽带路由器”方案 “无线AP+交换机+宽带路由器”方案为无线与有线混合接入方案，在许多方面与“无线AP＋宽带路由器”方案非常相似。

“无线AP+交换机+宽带路由器”方案采用交换机作为中心集线设备，更适合规模较大的办公网络，实现无线网络与有线网络的兼容，既保护了原有以太网投资，又保证了移动办公的需求。

（6）“无线AP+交换机+代理服务器”方案 “无线AP+交换机+代理服务器”方案与“无线AP+交换机+宽带路由器”方案非常相似，只是将宽带路由器更换为代理服务器。因此，这两种方案无论是网络特点，还是适用情形都基本相同。与“无线AP+交换机+宽带路由器”方案相似，网络的上网流畅性在该方案中同样依赖于处于网络出口处的设备，这里为代理服务器，但因为代理服务器的性能要比宽带路由器强很多，所以该方案最大的计算机数量也要比宽带路由器多。

“无线AP+交换机+代理服务器”方案依然以交换机作为核心接入设备，并且以交换机的固定接入为主，无线AP的接入为补充，在保证较大规模网络的稳定、高速通信外，还提供了灵活的无线网络接入。可以通过级联交换机的方式，提供更多的网络接口，适用于更大规模的网络。

2.搭建与连接

虽然无线网络的发展前景很好，但因为受困于网络速度的连接，在当前的网络环境中，仍然只能是有线网络的补充。虽然无线网络的速度无法与有线网络相比，但对于普通用户而言，足以满足其网络需求。

目前，市场上的无线路由器接口类型基本相同，一般为四个局域网接口和一个广域网接口，这里以TP-Link TL-WR841N无线路由器为例进行介绍。

TP-Link无线路由器同样面向低端的家庭用户，向来以低价占领市场，精美的外观还可以为家居装修增添一分色彩。TL-WR841N同时提供4个10/100MB以太网口，用户可以通过有线和无线两种方式完成初始化配置。默认情况下，TL-WR841N的DHCP服务器功能已经开启，并且没有任何加密措施，处于无线宽带路由器信号覆盖范围内的无线客户端，可以通过搜索的方式发现并连接无线网络。

（1）熟悉无线路由器后面板　无线路由器后面板各接口如下。

① POWER：电源插孔，用来连接电源，为路由器供电。需要注意的是，为了保证设备正常工作，必须使用额定电源。

② RESET：复位按钮。用来使设备恢复到出厂默认设置。

③ WAN：广域网端口插孔（RJ-45）。该端口用来连接以太网电缆或XDSL Modem / Cable Modem（即“猫”）。

④ LAN：局域网端口插孔（RJ-45）。该端口用来连接局域网中的集线器、交换机或安装了网卡的计算机。

⑤ Turbo：TL-WR841N提供催发路由器性能的Turbo穿墙按钮，可一键增强信号穿透能力，消除无线盲点，满足大面积无线覆盖需要（注：系统默认开启，若无须增强信号，可关闭按键）。

⑥ 天线：用于无线数据的收发。

如果要将路由器恢复到出厂默认设置，需要在路由器通电的情况下，按压RESET按钮，保持按压的同时观察SYS灯，大约等待5s后，当SYS灯由缓慢闪烁变为快速闪烁状态时，表示路由器已成功恢复出厂设置，此时松开RESET键，路由器将重启并恢复出厂设置。

（2）连接无线路由器　无线路由器的功能与普通路由器基本相同，都是为用户提供连接Internet，其配置方法基本相同。常用的方法是将路由器的WAN接口与ADSL Modem相连，通过拨号连接Internet。

第四节　RFID无线通信技术

一、RFID的基本原理

射频识别技术是一种能够远距离进行识别的新型技术，在环境需求、识别数量、安全性和识别距离等方面拥有巨大的优势，面对这些优势，之前广泛应用的光学特征识别技术、智能卡识别技术、条形码识别技术都无法与之相比。射频识别技术的工作原理比较简单-当标签出现在磁场中，读写器会将射频信号发送给标签，标签基于感应电流的作用，会把芯片中所存储的产品信息发送给读写器，或者主动发送某一频率的信号；读写器对信息进行读取和解码之后，把这些信息向中央信息系统进行传输和处理。

射频识别系统可以自动识别移动状态和静止状态的待识别物品，主要是将射频标签和射频读写器之间存在的传输特征、空间耦合作用和射频信号充分利用起来。射频标签和读写器在射频识别系统中传输数据信息和能量，主要是基于电感耦合或电磁耦合的方式，利用标签和读写器的天线形成的空间电磁波传输通道来实现。这两种方式使用的频率和工作原理有所区别。当RFID处于高频或低频状态时，拥有较长的工作波长，大多数采用电感耦合识别方式进行应用，让电子标签位于读写器天线的近区范围内，如此一来，电子标签和读写器便利用感应作用而不是辐射作用对信号和能量进行获取。让RFID处于微波状态时，拥有较短的工作波长，电子标签位于读写器天线的远区范围内，利用辐射作用让电子标签和读写器对能量、信号进行获取。微波RFID属于一种视距传播，电波的传播方式包括散射、反射、直射和绕射等，在传输过程中电波可能会出现多径传输、自由空间传输损耗、衰落、菲涅耳区等现象或问题，从而形成集肤效应，这些现象或问题都会对电子标签和读写器之间的正常工作产生不利影响。

二、RFID的关键技术

1.RFID的天线

不论是哪种类型的无线系统，都不能缺少天线这个重要部件，而且天线在无线系统中处于核心地位，会对系统的性能产生巨大的影响。总体来说，无线系统的顺利运转、各项功能的正常工作都取决于天线性能的优劣。同样的，在RFID系统中天线也发挥着重要的作用，对读写的功率、距离等系统性能产生直接影响。

RFID标签容易受到应用场合的约束，因此要在各种类型、各种形状物体的表面贴上RFID标签，甚至在物体的里面嵌入标签。如此一来，所标识物体的形状和该物体的物理特性会影响到标签天线的各种性能，这些影响主要包括金属表面的反射情况、标签到附着物体之间的距离、局部结构对辐射性能产生的作用、附着物体的介电常数等。除此之外，标签天线和阅读器天线分别充当“能量接收”和“能量发射”的角色，只需要花费较低的成本就能达到更高的可靠性。这些因素对天线的设计提出了严格的要求，同时也带来了巨大的挑战。当下，专家主要对RFID天线结构和环境因素对天线性能产生的影响进行研究和探索。

天线的阻抗特性、驻波比、工作频段、方向图、极化方向和天线增益等特性都取决于天线结构。RFID系统的作用距离容易受到阻抗特性和天线增益的作用；因为方向性天线产生的回波损耗较少，所以经常应用在电子标签中；天线尺寸和辐射损耗容易受到天线的工作频段的作用和影响；因为很难控制RFID标签的放置方向，所以一定要利用圆极化作为读写器天线的极化方式。

所标识物体的物理特性和形状会影响到天线特性，这些影响主要包括——物体尺寸会制约天线的大小；金属表面会反射信号；金属物体会削弱电磁信号；标签和天线受到弹性基层的影响会发生变形。针对这些影响，为了妥善解决这些问题，研究者研究出了多样化的方式，如利用曲折天线解决制约尺寸的问题，利用PIFA天线解决金属表面反射信号的问题。

天线周边的环境和物体也会影响到天线的特性。比如，金属表面会反射天线，金属物体会削弱天线的电磁信号，障碍物会对电磁传输产生阻碍作用，在宽频信号源和金属的作用下会形成电磁屏蔽和电磁干扰等作用或不利影响。

当前，损耗的减少、增益的增加、辐射效率、阻抗匹配、体积的减小，以及面对不同的使用环境天线的读写速率、误读率、有效作用率、与天线相关的软件等方面，是天线领域技术研究的重点。因此，高速率、高环境适应性、高保密性、小误读率、低成本、集成化印刷是RFID天线的主要发展趋势。

（1）防金属技术　如果要在金属表面附着电子标签，则要想保障电子标签运转正常，一般会在距离金属表面1cm以上高度的位置安装电子标签，但是这样不仅会增加电子标签的成本，还会约束电子标签的使用。为了将这个问题妥善解决好，近些年来，国内外开始深入研究防金属电子标签和标签天线，对于防金属标签出现了各式各样的设计方案，比如，让电子标签基板的金属涂层面积不断扩大，把电磁带隙（EBG）结构融入标签基板中，从而让金属对使用环境产生的影响不断削弱。

（2）小型化技术　因为电子标签的设计尺寸受到一定制约，所以电子标签的性能取决于射频天线的小型化。一直以来，RFID技术领域非常重视标签天线小型化及其应用的深入研究。

① 分形结构是分形天线理论的核心和重点，这种结构体的特性是空间填充性和比例自相似性。将分形结构的这两个特征运用到设计天线的过程中，有利于缩小天线的尺寸、实现天线的宽频带特征。多谐振点是分形天线的显著特征之一，但是分形结构决定了多个谐振频率之间存在的关联，这种关联并不是材料的介质厚度、介电常数能够决定的。对于设计和制作标签天线来说，这个结论具有重要的指导作用。

② 偶极子天线，这种形式经常应用在标签天线中，优势在于比较简单的制作工艺、低成本、有利于全向性的实现、较强的辐射能力，在远距离的RFID系统中使用较多。但是偶极子天线拥有较大的尺寸，因此，在设计和制作标签天线的过程中经常利用偶极子天线的各种改进形式。

③ 倒F天线（PIFA）辐射效率很高，有较宽的带宽和较小的体积，而且倒F天线将地面结构纳入其中，从而把周边环境和物品包含的介电常数对天线产生的作用和影响不断削弱甚至消除。双频段电子标签天线以平面PIFA结构作为基础，将地面开缝隙技术的作用充分发挥出来，在天线辐射面上对小环和槽进行开发，推动天线双频段特性的实现。如此一来，产生的带宽比普通PIFA天线更宽、更强，能够一直保持在867MHz和915MHz频率上正常运转，这种天线是推动双频段特性电子标签天线实现的重要因素，具有设计简单、低剖面、更容易与电子标签芯片阻抗匹配的特征。

（3）低成本技术　让天线的成本不断减少是对低成本电子标签进行构建的重要因素。标签天线的成本很有可能会随着迅速发展的信息技术而不断减少。比如，对标签天线的电镀方案进行设计时，要充分利用可降解的纸基材料，对天线和小环天线进行设计和制作，如今已经取得一定的成果。在天线制造中运用纸基材料，一方面能够不断减少制造天线的成本，另一方面纸基材料具有回收利用的特性，有利于环境污染的减少，保护环境。

2.防碰撞技术

由于在同一频率上存在多个RFID标签同时工作的情况，因此一旦这些标签进入到同一个阅读器发生作用的范围，如果没有防碰撞机制的保护，则信息传输过程中很容易出现信息碰撞的问题，无法成功读取信息。如果多个阅读器存在重叠的工作范围，也会发生信息碰撞的情况。为了避免发生信息碰撞的问题，RFID系统要设计好防碰撞的算法和命令，按照既定的命令传输信息，将碰撞问题妥善解决好。

RFID系统中防碰撞实现方法有四种：频分多路（FDMA）、空分多路（SDMA）、时分多路（TDMA）和码分多路（CDMA）。

（1）频分多路法　同时向通信用户提供许多个基于不同载波频率的传输通路的技术称为FDMA。在RFID系统中实施频分多路防碰撞法，能够让RFID系统对非发送频率、自由调制的电子标签进行应用，将最佳的使用频率赋予供应电子标签能力、传输控制信号的过程中。也可以将许多个可以选择使用的电子标签频率应用在电子标签的应答环节中。所以，可以将截然不同的频率应用到电子标签的传输环节。

这种方式的劣势在于需要使用特别贵的读写器，这是由于要把单独的接收器匹配给每个接收通路。所以，只有在一些比较特殊的环境或应用中才能使用这种防碰撞算法。

（2）空分多路法　从本质上来说，SDMA是一种在分离空间范围内为了确定资源重新利用的技术。具体又包括了两种方式。

第一种方式是将一个具有自适应控制的天线安装在读写器上，与某一个电子标签对准。如此一来，便能以电子标签在读写器作用范围内的角度位置作为重要依据，区别出不同的电子标签。电子控制定向天线的角色可以由相控天线来充当。相控天线主要包括了许多个偶极子元件，其中确定和独立的相位对这些偶极子元件进行控制，来自不同方位上的偶极子通过单个场叠加就形成了天线。从某个方向来说，相位关系的作用有利于增强偶极子元件的单个场叠加能量；就其他方向来说，相位关系会削减甚至消除偶极子元件的单个场叠加作用或能量。对各个偶极子供给相位的可调高频电压进行调整，能够实现方向的改变。利用电子标签对周围的环境和物体进行扫描才能将电子标签激活，一直到读写器的搜索波束搜索或检测到了电子标签。RFID使用的天线结构尺寸能够自适应SDMA，但是只有当频率超出了850MHz时才能够使用这种防碰撞法，这种方式的劣势在于特别高的成本和复杂的天线系统。

第二种方式是缩小单个阅读器的距离，在一个阵列中并排安置许多读写器，尽量扩大天线覆盖面积，一旦有电子标签从这个阵列旁边经过时，就可以让距离电子标签最近的读写器与电子标签对信息进行交换和传输。由于单个天线的覆盖面积有限，即使有其他的电子标签经过了相邻的读写器区域，它们之间也能交换传输信息，而且与前面的信息交换互不相关。如此一来，这个阵列存在多个电子标签，受到空间分布因素的影响，不同的读写器和电子标签可以对不同的信息进行交换。

SDMA技术可以防止信息碰撞，这种方式的劣势在于拥有比较高的成本、比较复杂的天线系统，很难实现防碰撞。所以，只有在一些比较特殊的环境或应用中才能使用这种防碰撞算法。

（3）时分多路法　时分多路法也叫TDMA法，是以时间作为依据向多个用户分配可以使用的通道容量，这种方法经常使用在数字移动无线电系统领域。就RFID系统来说，TDMA技术在防碰撞算法中占据较大比重。这种防碰撞算法和其他算法相比，优势主要集中在功耗、系统的成本、通信形式、系统的复杂性等多方面，因此在具体的实际应用中经常会把TDMA融入射频识别系统中。

总体来说，标签控制防碰撞算法和读写器控制防碰撞算法是TDMA的两种主要类型。其中，标签控制防碰撞算法的工作原理是以标签的ID作为重要依据，让阅读器把不同的指令或询问信号发送给标签，阅读器再以二进制树搜索方法或选举方法作为依据和基础，在相同的时间段将通信关系建立起来，同时再按照时间顺序迅速对标签进行制作。读写器控制防碰撞算法是把读写器当作主动控制器，读写器要控制和检查进入射频场范围内的所有标签。只有利用防碰撞机制，阅读器才能在自己产生作用的距离内顺利识别标签、读写数据信息。当前时分多路法的技术原理广泛应用在射频识别系统中，每个标签都能在特定的时间段单独使用信道，从而完成与阅读器之间的传输和通信，如此一来，阅读器和对应的标签之间便能正常传输数据信息，信息碰撞的问题很难再次发生。阅读器对标签群体进行管理时，一般使用遍询、访问和选择三种操作方式。

① 选择。选择主要是对多个标签进行选择，再完成访问和遍询操作。可以连续使用Select指令，以用户指定的条件作为依据和基础对多个特定的标签进行筛选。这种操作方法与从数据库中对多条记录进行选择类似。

② 遍询。这种操作方式包含了许多条指令，主要用来对标签进行识别。读写器向标签发送Query（查询）指令开始进行查询操作，会有一个或多个标签对查询进行答复。读写器将EPC和CRC（循环冗余校验码）发送给一个特定的标签之前，会对这个标签的答复状态进行探测。

③ 访问。这种操作包含了很多条指令，是指与某个特定的标签进行写入或读取的通信操作。读写器要在开展访问操作之前识别出这个特定的标签。ALOHA法和二进制搜索算法是标签防碰撞机制经常使用的算法，其中应用二进制搜索算法的主要前提和基础是将数据碰撞中比特的位置精准辨认出来；ALOHA算法很容易实现，只要在一个循环周期内成功发送数据即可。

（4）码分多路法　CDMA在无线通信领域是一种新型的技术，其技术基础是分支扩频通信技术。CDMA防碰撞算法的工作原理是以扩频技术作为基础，对用户的特征码进行充分利用。CDMA主要包括了两种含义，分别是码分和扩频。其中，码分主要对用户信道和基站的标识问题进行解决，基站的码分选址可以通过不同移相的伪随机系列来实现，再与一定的算法相结合，选择合适的信道，使用具有充足周期长度的PN序列推动识别多速率业务和用户。扩频是扩展信息带宽，具体来说，就是对拥有一定信号带宽的信息数据进行传输时，通过一个比信息带宽的带宽更大的高速伪随机（PN）码的调制作用，不断扩展原数据信号的带宽，再加上载波的调制作用把信息数据顺利发送出去。接收端对信息数据进行接收时，要利用完全一样的伪随机码处理接收的带宽信号，解扩宽带信号，使之转变成与原信息数据一样的窄带信号，从而顺利实现信息通信。

第三章　长距离无线通信技术研究

随着现代社会的不断发展，科技成果日新月异，移动通信技术对人们生活方式的改变逐渐加深，如今人类能够实现长距离跨空间的实时沟通，为公众提供便利条件。基于此，本章主要内容包括LTE长距离无线通信技术、LoRa长距离无线通信技术与NB-IoT长距离无线通信技术。

第一节　LTE长距离无线通信技术

空中接口是一个形象化的术语，是相对于有线通信中的“线路接口”而言的。在移动通信中，终端与基站通过空中接口互相连接，这个“空中接口”指的是基站和移动电话之间的无线传输规范，它定义无线信道的使用频率、带宽、接入、编码方法以及重选、切换等。

在不同制式的蜂窝移动通信网络中，空中接口的术语是不同的，比如在第二代移动通信网络GSM/GPRS/EDGE和CDMA2000中，空中接口被称为Um接口；在第三代移动通信TD-SCDMA、WCDMA网络和第四代移动通信LTE-FDD、LTE-TDD中，空中接口被称为Uu接口[1]；而在即将到来的第五代移动通信中，空中接口则被称作5G-NR接口。在每一代移动通信技术中，空中接口都是技术中最复杂的部分，被称作无线通信技术皇冠上的明珠，新的调制技术、编码技术、多址技术、天线技术等都会应用到每一代移动通信的空中接口中。因此，空中接口代表的是每一代移动通信技术进步和突破的最重要的部分。

一、LTE无线协议栈

LTE空中接口被称为Uu接口，位于终端与基站之间，在终端和基站之间传输数据的规范就是LTE的无线协议，而众多协议（协议簇）在实现过程中的物理、逻辑、接口和应用方面的结构、组成和依赖关系就是协议栈。

LTE协议栈分为两个层面：控制面和用户面。控制面负责系统信令传输，用户面负责用户数据传输。

协议栈控制面主要包括NAS层、MAC层、RRC层、RLC层、PDCP层及PHY层。其中，PDCP层主要具有加密及保护的功能；RLC及MAC层中控制平面执行的功能和用户平面的功能相同；当RRC层协议终止于eNB时，则不会为其提供广播、RRC连接管理、UE测量

---

[1] Uu，第一个U表示User to Network interface，第二个u表示Universal。

上报、移动性管理、寻呼、无线承载控制及UE测量上报等功能；当NAS层终止于MME时，则不会帮助它实现EPS承载管理、安全控制、空闲状态下的移动性处理、寻呼消息及鉴权等功能。

协议栈用户面主要包括PDCP、RLC、MAC、PHY层。

第一，PDCP层：负责执行头压缩以减少无线接口必须传送的比特流量，以提高传输效率。

第二，RLC层：负责分段与连接、重传处理以及对高层数据的顺序传送。

第三，MAC层：负责处理HARQ重传与上下行调度。

第四，PHY层：负责处理编译码、调制解调、多天线映射以及其他电信物理层功能。物理层和硬件紧密相关，需要协同工作。

1.PHY层

在LTE系统中，PHY层的主要任务是将底层的数据传输到上层。为了提高数据的传输速度，PHY层需要具有以下功能：① 检测数据在传输过程中会不会出现错误，并如实向高层报告结果；② 混合自动重传请求（HARQ）软合并；③ MIMO天线处理；④ 射频处理；⑤ 传输信道的FEC与译码；⑥ 传输信道与物理信道之间的速率匹配及映射；⑦ 物理信道的功率加权；⑧ 时间及频率同步；⑨ 物理信道的调制与解调；⑩ 射频特性测量并向高层提供指示；⑪ 波束赋形；⑫ 传输分集。

为实现LTE的功能，PHY层主要采用了如下技术。

第一，系统带宽。LTE系统的载波间隔通常都是15kHz，相当于12个子载波宽度，上下行最小资源块为180kHz，数据在传输到资源块的过程中，通常会采用分布式或集中式的方法。系统要想实现1.4 ~ 20MHz的带宽配置，就要合理控制和运用子载波数量。

第二，SC-FDMA与OFDMA。在LTE系统中，下行的传输方式通常选择OFDMA方式，因为OFDMA传输方式中的CP具有消除符号间干扰的作用，其长度在一定程度上决定了OFDMA系统的覆盖能力以及抗多径能力。为了满足小区半径100km的覆盖要求，LTE系统根据实际情况设计了两套CP方案：一是短CP方案就可以满足人们日常需求；二是长CP方案覆盖面较广，大部分应用于小区广播业务。

在LTE系统中，上行通常采用带有CP的单载波频分多址SC-FDMA技术，主要原因是上行信号的接入可以有效降低发射终端的平均功率，这样不仅可以减小终端的体积，还可以降低成本。

第三，双工方式。LTE系统不仅支持FDD和TDD这两种工作模式，还支持两种类型的无线帧结构，并且每一个无线帧的长度为10ms。

第四，调制方式。在LTE系统中，上下行都支持16QAM、64QAM及QPSK的调制方式。

第五，信道编码。在LTE系统中，Turbo编码为传输模块使用的信道编码方式，其编码速率为R = 1/3，Turbo编码主要由一个Turbo码内部交织器和两个8状态子编码器构成。

第六，多天线技术。将MIMO技术应用到LTE系统中，在接收端和发射端增加多根天线，这样就可以提高系统的容量。在LTE系统中，MIMO的天线配置是下行2×2、上行1×2，但也可以将天线配置增加到4×4、8×8。对于下行链路，LTE系统会采用空间复用、空分多址、预编码及发散分集等MIMO技术。对于上行链路，LTE系统会采用虚拟MIMO技术，从而提高系统的整体容量。

第七，物理层过程。LTE系统涉及的物理层主要包括功率控制、下行定时控制、随即介入相关过程、HARQ及上行同步等。LTE系统不仅具有干扰协调的功能，还要合理控制各个领域的物理资源。

第八，物理层测量。LTE系统不仅要支持UE与eNB之间的测量，还要将测量结果汇报给高层。其测量指标主要包括无线资源管理的相关测量、不同无线接入技术之间的切换测量、同频和异频切换的测量及定时测量。

2.MAC层

LTE提供了两种MAC实体：一种是位于UE的MAC实体；另一种是位于eNB的MAC实体。UE的MAC实体与eNB的MAC实体执行不同的功能。

（1）UE侧MAC层（上行MAC）的功能

① 逻辑信道到传输信道的映射。MAC涉及的信道结构包括三方面内容：逻辑信道、传输信道以及逻辑信道与传输信道之间的映射。传输信道是MAC层和物理层的业务接入点，逻辑信道是MAC层和RLC层的业务接入点。MAC层需要完成上行逻辑信道公共控制信道（CCCH）、专用控制信道（DCCH）、专用业务信道（DTCH）、上行共享信道（UL-SCH）的映射。

② MAC PDU处理。协议数据单元（MAC PDU）是MAC层协议数据单元，由按字节（8bit）排列的字符串组成。读取多个字符串时，按照从左到右、由上至下的顺序。一个服务数据单元（SDU）由第一个比特开始，按照比特升序装配进一个MAC PDU中。

MAC PDU的基本类型包括：数据发送MAC PDU，透明传输MAC PDU，随机接入响应MAC PDU。

③ MAC控制单元。MAC控制单元是MAC PDU的一种类型，它根据下行混合式自动重传请求（DL HARG）进程的指示，将RLC PDU及随机接入相关的消息msg3等报文封装成MAC PDU，填充MAC PDU的头部信息；负责组装功率余量上报（PHR），缓存状态报告（BSR）等信道资源（MAC CE），向物理层发送MAC PDU；接收来自L1的传输块（TB），并执行解复用，将接收的MAC SDU提交RLC或RRC子层。

④ HARQ功能。混合自动重传请求，即Hybird ARQ是一种将FEC和ARQ相结合而形成的技术。

LTE中有两级重传处理机制：MAC层的HARQ机制，以及RLC层的ARQ机制，丢失或出错的数据的重传主要是由MAC层的HARQ机制处理，并由RLC的重传功能进行补充。

HARQ具有存储、合并解调及请求上传的功能。如果接收方出现解码失败的情况，则其首先会保存下已经接收到的数据，然后要求发送方重新发送相关数据，最后接收方会将新发送的数据和之前保存下来的数据合并后再解码。这样就可以避免数据反复发送，进而减少时延。而传统的ARQ技术只是简单地抛弃错误的数据，不进行存储，没有合并的过程，自然没有分集增益，因此经常需要多次重传以及长时间的等待。

⑤ 随机接入处理。包含随机接入相关的过程处理分为两种：基于竞争的随机接入过程和使用专用随机接入前导码（Preamble）的接入过程。随机接入处理主要接收来自RRC层的随机接入指示，选择竞争的Preamble，向物理层发送msg1，并控制msg1和msg3的发送功率。

⑥ 非连续接收过程（DRX）。MAC层的DRX功能是维护UE的DRX状态相关的定时器，并指示物理层执行DRX接收。

⑦ 测量的上报。测量的上报主要是针对物理层以及RLC/PDCP待发送报文缓存区的测量统计。其主要包括PHR的测量上报、BSR的测量上报以及CQI的测量上报。UE在测量下行参考信号RS的过程中，会检测到下行信道CQI，并对其进行测量上报。

⑧ 上行调度请求上报（SR）。SR缺少资源时需要向UL-SCH进行上报，才能获得资源，在没有UL-SCH资源的情况下，UE首先将需求上报给SR，然后SR再请求eNB为UE分配需要的资源。

⑨ 上行定时同步。根据MACTA相关协议，需要对UE本地的TAT定时器进行时间提前量（TA）维护和调整。在时间提前量（TA）超时的情况下，则需要RRC释放相关资源。

（2）eNB侧MAC层（下行MAC层）的功能

① 逻辑信道到传输信道的映射。MAC层需要完成下行逻辑信道DCCH、CCCH、DTCH、PCCH、MTCH以及MCCH到下行共享信道DL-SCH的映射。

② 下行共享信道的调度。从下行资源块（RB）的角度来看，下行共享信道的调度不仅会对其进行优先级的排序，还会为其分配下行半持续调度、寻呼消息调度、广播消息调度及下行动态调度等相关PDSCH资源。

③ 上行共享信道的调度。从UE的角度来看，上行共享信道的调度不仅会对其进行优先级排序，还会为其分配上行共享信道的调度及上行半持续调度等相关物理上行共享信道（PUSCH）资源。上行动态调度的资源分配主要以信道质量、业务量状态、功率及UE的优先级为依据。

④ 下行RLC PDU的传输和接收。下行调度的结果不仅对eNB选择PRB个数及调制与编码策略（MCS）等级起着重要的作用，还决定了RLC层可以下发的数据量，与此同时，将RLC下发的RLC PDU进行复用，并将下行调度结果映射到PDSCH上。

⑤ 上行RLC PDU的传输和接收。UE在接到下行调度信令上行调度授权（UL-grant）的指示，就可以确定RLC层的数据量，并对RLC层下发的RIC PDU进行复用，再通过UL-grant映射到PUSCH，最终完成数据的传输。当上行MAC PDU解复用后，eNB则将RLC PDU递交到RLC层。

⑥ 寻呼数据的发送。eNB缓存RRC之前会发出寻呼信息，并为其分配一定的资源。因为寻呼信息有一定的特殊性，所以寻呼信息的数据量对资源分配起着决定性的作用，当分配资源充足时，物理层就会在固定的时间收到调度结果，反之就会出现延迟。

⑦ 广播消息中系统信块（SIB）消息的发送。eNB会在固定时间，在共享信道上发送广播信息中的SIB消息。

⑧ 随机接入过程。随机接入其实就是通过共享控制信道为用户接入信道资源，争取让使用Preamble以及公共用户分配到上行信道资源，这些信道资源由这一组竞争使用，通过竞争可以控制资源的利用，在接入的过程中要将上下行的资源进行合理的分配。

⑨ 业务量测量。按照无线资源管理（RRM）需要对12种公共测量和4种专用测量进行收集并上报。

⑩ HARQ功能。上下行方向使用多个进程同时运行进行数据传输，当重传时就可以找到相对应的冗余版本号。从HARQ机制的角度来看，上行方向采取的是自适应HARQ机制，而下行方向采取的是异步自适应HARQ机制；当下行重新发送数据达到极限时，RB就会向RLC层发出发送失败的指示。

⑪DRX过程。由于包的数据流通常是突发性的，在一段时间内有数据传输，但在接下来的一段较长的时间内没有数据传输。在没有数据传输的时候，可以通过停止接收PDCCH来降低功耗，从而提升电池使用时间，这就是DRX的由来。要想使UE更加省电，MAC层应该根据业务的不同支持DRX进行操作，并允许终端设备控制并监听信道。

⑫上行同步定时。上行同步定时是为了更好地保持eNB和UE的同步，这样有利于UE进行上行数据传输和下行数据的反馈。总之，TA的目的是使UE的功率出现延迟，这样既不超过OFDM符号的CP，也不会使分配给用户的RS出现循环移位。以保持不同用户之间的物理上行链路控制信道（PUCCH）和PUSCH的正交性。eNB利用MAC控制PDU通知UE进行上行同步调整。eNB基于测量对应UE的上行传输来确定每个UE的时间提前量。如果某个特定的UE需要校正，则eNB会发送一个定时提前指令给该UE，要求其调整上行传输时间。该定时提前指令是通过定时提前命令MAC控制单元发送给UE的。

⑬上行功率控制。上行功率控制不仅是调度算法的接口，还对资源块的分配起着重要的作用，其主要用于调整eNB对UE的SRS、PUSCH及PUCCH的上行发送功率。

3.RLC层

RLC层位于PDCP层和MAC层之间，它通过服务接入点（SAP）与PDCP层进行数据传输，与此同时还通过逻辑信道与MAC层进行通信。每个UE的逻辑信道都有相应的一个RLC实体。RLC实体接收到的数据是由PDCP层发送的，或者将发往PDCP层的数据称为RLC SDU（或PDCP PDU）。RLC PDU（或MAC SDU）主要包括RLC实体从MAC层接收到的数据和发往MAC层的数据。

RLC层的主要功能如下。

第一，上层使用PDU传输。

第二，ARQ只在确认模式（AM）有效的情况下才会对错误进行修正。MAC层的HARQ机制的反馈正确率达到了99%左右，这有利于数据的快速重传。但对于TCP传输这项业务来说，其丢包的概率非常低（小于十万分之一），所以HARQ反馈的出错率就显得有些高，而RLC层的重传处理功能会大大降低反馈的出错率。

第三，RLC SDU的级联、分段和重组，仅对非确认模式（UM）和确认模式有效。RLC PDU的大小是由MAC层指定的，且通常并不等于RLC SDU的大小，所以在发送端需要分段/串联RLC SDU以便其匹配MAC层指定的大小。相应地，在接收端需要对之前分段的RLC SDU进行重组，以便恢复出原来的RLC SDU并按序递送给上层。

第四，RLC数据PDU的重新分段（仅对AM有效）。当RLC数据PDU需要重传时，可能需要进行重新分段。例如，当MAC层指定的大小小于需要重传的原始RLC数据PDU的大小时，就需要对原始RLC数据PDU进行重分段。

第五，上层PDU的顺序传送只针对于UM和AM。

第六，重复对UM和AM进行检测。出现这种问题最大可能性就是发送端反馈了HARQ ACK，但接收端将其错误地解释为NACK，从而出现了MAC PDU需要重新上传的情况。

第七，针对协议错误检测及恢复。

第八，RLC SDU的丢弃（仅对UM和AM有效）。

第九，RLC重新建立。

RLC PDU为按字节对齐的比特串，即为8的倍数，比特串从左到右排序，之后再按行的顺序从上到下排序。一个RLC SDU从前面的首个比特开始被包含于一个RLC PDU中。

RLC PDU可分为RLC数据PDU和RLC控制PDU。RLC数据PDU主要用于传输上层的PDU数据，TM、UM和AM RLC中都需要传输RLC数据PDU；RLC控制PDU用于AM RLO实体执行ARQ过程。RLC头携带的PDU序列号与SDU序列号（即PDCP序列号）独立。

RLC数据PDU可以分为：① 透明模式数据（TMD）PDU：用于TM RLC实体传输上层PDU；② 非确认模式数据（UMD）PDU：用于UM RLC实体传输上层PDU；③ 确认模式数据（AMD）PDU：用于AM RLC实体传输上层PDU，用于首次传输RLC SDU或者重传不需要分段的RLC SDU。

RLC控制PDU主要是状态PDU，用于AM RLC实体的接收部分向对等AM RLC实体通知关于RLC数据PDU已被成功接收的信息，和被AM RLC实体的接收部分检测到丢失的RLC数据PDU的信息。

4.PDCP层

PDCP层处理控制平面上的RRC消息以及用户平面上的IP包。该层主要完成三个方面的功能：IP报头压缩与解压缩、数据与信令的加密以及信令的完整性保护。

从用户平面的角度来看，PDCP层在得到上层IP数据分组后，第一时间将其进行加密，然后交到RLC层。从控制平面的角度来看，PDCP层通过信令的方式将数据传输到上层RRC，并将RRC信令进行完整性保护和加密，以及反方向就可以对RRC信令进行解密和一致性检查。

PDCP层用户面的功能主要包括以下方面：① RLC AM下，PDCP重建需要对上层PDU进行顺序传送；② 上行链路基于定时器的SDU丢弃功能；③ 头压缩与解压缩，只支持健壮性包头压缩（ROHC）算法；④ RLC AM下，PDCP重建需要对下层SDU进行重复检测；⑤ RLC AM下，切换过程中PDCP SDU的重传；⑥ 加密、解密；⑦ 用户数据传输。

PDCP层控制面主要具有以下功能：① 控制面数据传输；② 加密和完整性保护。

从LTE系统的角度来看，PDCP层对互联网工程任务组（IETF）定义的ROHC进行报头压缩持有支持的态度。LTE系统不支持通过CS域传输的语音业务，则需要在PS域提供一个和CS域相近的语音业务，这样就需要压缩IP/UDP/RTP这些报头，因为这些报头常用于VoIP业务。例如，从一个含有32bit有效载荷的VoIP分组传输的角度来看，当IPv4报头增加40bit，开销就会增加125%，当IPv6报头增加60bit，开销就会增加到188%。

ROHC主要包括两种类型的输出包：①压缩分组包，每个压缩包都是由专门的PDCP SDU经过报头压缩生产出来的。②和PDCP SDU无关的独立包，其实就是ROHC的反馈包。

PDCP层负责LTE的安全，其主要是通过保护用户平面数据的完整性以及加密控制面板RRC数据来实现的。对于LTE系统来说，加密对象主要是：① 控制面板，需要加密PDCP PDU的数据部分和完整性消息鉴权码域（MAC-I）；② 用户平面，需要加密PDCP PDU的数据部分。

PDCP实体使用的密钥KEY以及加密算法都是由高管进行设置，当安全功能被激活时，加密功能也随之被激活。完整性保护功能是由完整性验证和完整性保护两方面构成，而完整性保护功能具有一定的局限性，其只能应用于SRB。上层拥有PDCP实体的完整性保护功能的算法以及对KEY分配处理的权利。当安全性功能被激活时，完整性功能也随之被激活，这款功能适用于所有PDCP PDU。

RRC协议提供给PDCP完整性保护功能的参数包括：承载，控制平面完整性保护密钥。UE基于以上两个输入的参数进行完整性验证。

5.RRC层

无线资源控制RRC层是支持终端和eNB间多种功能的最为关键的信令协议，其主要功能就是管理终端和E-UTRAN接入网之间的连接。

（1）RRC的功能

① 广播NAS层和AS（Access Layer，接入层）的系统消息。

② 寻呼功能。

③ RRC具有连接建立、保持和释放的功能，主要应用于UE与E-UTRAN之间临时标

识的分配、信令无线承载的配置等。

④ 安全功能主要包括密钥管理。

⑤ 移动终端和客户端之间无线的建立、释放以及修改。

⑥ 移动性管理主要包括UE测量报告、切换过程中的RRC上下文传输、小区间和无线接入技术（RAT）间移动性报告控制、小区间切换和UE小区选择与重选等方面。

⑦ 多媒体广播组播服务（MBMS）业务通知，以及MBMS无线业务的修改、建立和释放。

⑧ QoS具有管理功能。

⑨ UE测量控制及测量上报。

⑩ NAS具有消息传输的功能。

⑪NAS对消息具有保护意识，避免出现消息泄漏。

（2）RRC的操作　LTE中RRC只有两个状态：无线资源链接（RRC_CONNECTED）状态和无线资源空闲（RRC_IDLE）状态。当已经建立了RRC连接，则UE处在RRC_CONNECTED状态。如果没有建立RRC连接，即UE处在RRC_IDLE状态。在RRC不同状态下的操作如下。

① RRC_IDLE状态下的操作，主要包括：a.PLMN选择；b.接收高层配置DRX；c.获取系统信息广播；d.监控寻呼信道，检测到达的寻呼；e.进行邻区测量及小区选择和重选；f.UE获取其跟踪区的唯一标识ID。

② RRC_CONNECTED状态下的操作，主要包括：a.E-UTRAN可以传输给UE或从UE接收单播数据；b.eNB可以控制UE的DRX配置；c.网络控制的移动性管理，即系统内切换和系统外切换的能力；d.UE可以监控一个寻呼信道和SIB1的内容来检测系统信息的改变，具有ETWS能力；e.UE监控相关的控制信道，确定是否有发给自己的调度数据；f.UE提供信道质量和反馈信息；g.UE进行邻区测量和测量上报；h.UE获取系统信息。

RRC连接的前提是建立SRB1。在完成S1连接建立之前,也即是在从EPC接收到UE上下文信息之前,E-UTRAN会完成RRC连接的建立。总之，当RRC刚开始进行连接时，不会激活AS安全，E-UTRAN可以将UE进行测量上报，只有当AS安全被激活之后，UE才可以接收到切换的信息。

E-UTRAN在从EPC接收到下发的UE上下文后就通过安全加密和完全性保护程序对其进行激活。在激活RRC消息的过程中，E-UTRAN会对其进行完整性保护，此过程之后才会对其进行加密。换句话说，在激活安全消息响应时没有加密的过程，但是之后的所有消息都具有加密以及完整性保护的功能。

初始安全激活过程启动后，也就是在接收到UE发出的初始安全激活确认前，E-UTRAN就可以发起SRB2和DRB的建立，但是E-UTRAN不会在激活安全之前建立SRB2和DRB承载。无论什么情况下，E-UTRAN都会对SRB2和DRB的RRC连接配置消息进行加密及完整性保护。无法完成初始激活及无线连接失败时，E-UTRAN应释放RRC连接。

当E-UTRAN初始化时，就会释放RRC连接，这时UE就可以选择另一个频率的E-UTRAN或其他的RAT。当出现异常情况时，UE可自行切断与RRC的连接，其实就是在不通知E-UTRAN的情况下，UE就自己转移到RRC_IDLE状态。

6.NAS层

NAS存在于LTE的无线通信协议栈中，作为核心网与用户设备之间的功能层，该层支持在这两者之间的信令和数据传输。NAS层的流程就是指只有UE和CN需要处理的信令流程，无线接入网络eNB是不需要处理的。

NAS层主要负责用户管理、安全管理及会话管理等与无线接入相关的功能，具体流程如下。

第一，会话管理：主要包含会话建立、释放、修改及QoS协商。

第二，用户管理：主要包含用户数据管理，以及附着、去附着。

第三，安全管理：主要包含用户与网络之间的加密和鉴权等问题。

二、LTE无线帧结构

在LTE的物理层，无线帧是承载信息的空中资源——无线波的基本时域和频域单位，而LTE标准既支持TDD，又支持FDD。因此，LTE分为两种帧结构，分别为FDD无线帧和TDD无线帧。

1.LTE-FDD无线帧

LTE-FDD的帧结构模式一般又称为框架结构类型1。在FDD里，每个无线系统帧包括10个子帧，每个子帧由2个编号为0~9的连续的时隙组成，1个无线系统帧共有20个时隙，编号为0~19。每个无线帧的帧号由0到1023依次排序，因此其重复周期为1024。组成无线系统帧时隙的长度为$T_{slot} = 15360 \times T_s = 0.5ms$（每个时隙），因此，FDD里每个无线系统帧的长度为$T_f = 307200 \times T_s = 10ms$。LTE的每个时隙可以有若干个PRB，每个PRB含有多个子载波。

FDD帧结构模式中每个系统帧下有10个子帧，这10个子帧可以在不同的频域中进行下行与上行的传输。在全双工的FDD模式下，UE可实现同个子帧里数据的同时发送和接收，但是在半双工的FDD模式下，UE的运行受到一定的限制，其不能在同一个子帧里完成数据的同时发送和接收。

2.LTE-TDD无线帧

LTE-TDD的帧结构模式一般又称为框架结构类型2。在TDD里，1个无线系统帧由10个子帧组成，且无线帧的重复周期与FDD相同，都是1024。每个无线系统帧又分为2个“半帧”，每个“半帧”的长度为5ms，一个“半帧”又分为5个连续的子帧，每个子帧的长度为1ms，因此，在TDD里每个无线系统帧的长度为$T_f = 307200 \times T_s = 10ms$。子帧中有两个位于固定1、6号位的特殊子帧，这两个特殊子帧是由2个连续时隙组成，具体包括下行导频时隙（DwPTS）、保护间隔（GP）、上行导频时隙（UpPTS）。首先，下行导频时隙是由3~12个OFDM符号组成，其功能主要是进行下行控制信道和下行共享信道的传输；其次，GP的时间长度为71 ~ 714μs，对应的小区半径为7 ~ 100km，主要应用于上行与下行之间的保护间隔；最后，上行导频时隙是由1 ~ 2个OFDM符号组成，主要功能是承载上行物理随机接入信道和导频信号。

第二节　LoRa长距离无线通信技术

LoRa作为一种最简单的网络结构，其具有低延迟的特性。相比于网状网络结构，LoRa的星形网络结构借助扩频芯片，不仅可实现节点与集中器的直接连接，同时对于远距离的节点，也可借助网关设备进行中继组网连接。在物联网设备中嵌入LoRa芯片，即可实现快速组网和配置，LoRa网络可根据需要搭建相应的网络环境，包括覆盖范围较广的广域网和简单的依赖于网关设备而搭建的局域网，不论是哪种网络环境，LoRa均可实现便捷组网。基于新型的扩频调制技术，LoRa网络常被应用于低成本传感网的解决方案中，不仅提升了物理层硬件的性能，还具有省电的性能，相比于ZigBee协议的自组网，LoRa网络具有明显的优势。

在实际应用中，基于LoRa协议的物联网设备可实现15km以外的无线通信，其可连接的无线传感器节点高达数百万，电池的使用寿命相对较长，一般可供用户使用10年。这些性能远远超过了传统的网络通信标准。

除此之外，LoRa还可基于信号的空中传输时间测量距离，相比于传统的RSSI测距，LoRa测距的精度和准确度都有极大的提升；同时LoRa还具有定位功能，通过测量多点对一点的空中传输时间差，进而确定出具体的位置，定位的精度在10km的范围内可达到5m。

LoRa是一种由LoRa联盟推出的远距离通信系统，主要有两个层：物理层和MAC层（即LoRaWAN）。LoRa物理层主要采用线性调频技术（CSS），适用于远距离、低功耗、低吞吐量的通信。LoRaWAN由LoRa联盟发布，是一种基于开源的电信级MAC层协议。LoRa是一项私有技术，工作在未授权频段，使用免费的ISM频谱，具体频段及规范因地区而异。

一、LoRa技术的网络架构

LoRaWAN与少量的非LoRaWAN协议构成了LoRa技术的两种基本网络层协议。从其网络结构来说，LoRa技术都是星状网结构，并通过不断的简化与改进，形成了以下三种基本形式。

1.点对点通信

早期的LoRa技术多是一点对一点通信，即由A点发起，B点接收，通常情况下，组与组之间的频点是相互分开的，B点在接收到信息后可以回复也可以不回复。点对点通信是LoRa技术中最简单的一种方式，目前常被应用于特定试验性质的项目中。

2.星状网轮询

星状网轮询结构的本质还是点对点通信，只是加入了分时处理，其是由N个从节点轮流与中心点通信，中心点在收到一个从节点上传的信息后，需要进行确认，然后再由下个从节点开始上传信息，直至N个从节点全部完成。星状网轮询结构中，N个从节点之间的频点是相互分开的，同时又满足了重复使用的要求，因此，星状网轮询结构的项目成本较低，但也存在一定的局限性，通常适用于节点数量较少且对网络性能要求不高的项目中。

3.星状网并发

目前LoRa领域内最常使用的就是LoRaWAN技术。其是一种星状网并发的网络结构，属于一点对多点通信。与星状网轮询结构不同的是，该结构的节点可随机上报数据，借助跳频和速率自适应技术，便可判断出外界环境和信道阻塞情况。从物理层面来说，该网关可以同时接收多路数据，如8路、16路、32路等；同时该网关还可接受不同速率及不同频点的信号组合。基于此，该网络系统体现出了极大的延拓性，不仅可实现单独建网，还可以进行交叉组网。

相对于星状网并发结构来说，点对点通信和星状网轮询结构的系统较为简单，都是由一端主节点和另一端从节点组成，由从节点上传数据，主节点接收数据，完成后从节点进入休眠状态。整体来说，工作模式较为单一。这里我们将重点论述LoRaWAN星状网并发结构，其系统可分为三部分，即节点/终端、网关/基站、服务器。

（1）节点/终端（Node） LoRa节点在LoRaWAN协议中有三类不同的工作模式，分别是ClassA、ClassB和ClassC，其是各类传感应用的代表。首先，ClassA工作模式相比于非LoRaWAN的LoRa节点来说，其功耗较低，这是ClassA工作模式的一大优势。其工作特性是在固定的窗口期接收由下节点主动上报的数据，基于ClassA工作模式低功耗的性能，实现了水表10年以上的工作寿命；其次，ClassB模式是在固定周期内可随机确定窗口期以接收下行数据，因此其不仅满足低功耗的特性，同时还具有较强的实时性，但要求时间的同步性；最后，ClassC工作模式的实时性是最强的，可随时接收网关下行数据，其作为一种常发常收模式，功耗不再是其考虑的因素，因此多适用于智能电表或智能路灯的控制。

（2）网关/基站（Gateway） 网关的主要功能是缓解海量节点数据在上报时引发的并发冲

突。其作为LoRaWAN网络建设中的关键设备，主要有以下特点。

① 可接入所有的基于LoRaWAN协议的应用，有着极强的兼容性。

② 单网关可接入的节点有几十到几万个，且节点可随机入网，具有较强的灵活性。

③ 网关接入8频点，8路数据可实现同时并发，具有较强的并发性。

④ 上行数据和下行数据可实现同时并发，全双工通信的实效性更强。

⑤ 相比于非LoRaWAN设备来说，该网关的灵敏度更高。

⑥ 星状网关的网络拓扑结构相对来说比较简单，但可靠性强且功耗较低。

⑦ 不论是网络的建设还是运营，花费的成本相对较低。

（3）服务器（Server） 服务器的功能是下达控制指令，负责管理LoRaWAN系统且兼具数据解析的功能。不同的服务器承担着不同的职责与任务。首先，应用服务器的主要职责是处理具体的应用业务，其主要使用的是B/S或C/S架构的服务器；其次，网络服务器主要是负责LoRaWAN数据包的解析及下行数据的打包，同时在与应用服务器通信的过程中还可生成相应的网络地址。

LoRaWAN系统的优势主要体现在以下方面：一是信道利用率较高，由服务器统筹管理；二是两级AES-128数据加密提高了系统的安全性；三是节省网络建设和施工成本；四是交叉覆盖减少了覆盖盲点；五是可实现数据多路并发，支持节点跳频，减少冲突；六是节点速率自适应技术有效降低了系统功耗，增加系统容量；七是LoRaWAN协议标准化。

二、LoRa技术的物理层

LoRa网络使用典型的“star-of-stars”拓扑结构。在该结构中，网关（Gateway）充当中继角色，在终端和服务器之间传递信息。理论上，Gateway对终端是透明的。Gateway以标准IP接入方式和基站相连，而终端以LoRa调制或以FSK方式和Gateway相连。LoRaWAN支持双向通信，但上行通信占据主导地位。LoRaWAN不支持终端到终端的直接通信，如有需要，必须通过基站和Gateway（至少两个）进行中继。

LoRa调制技术是Semtech公司的专利，其构成了LoRa物理层的核心。基于线性调频扩频技术，LoRa调制技术实现了更高层次的跨越，采用了具有线性特质的啁啾（chirp）脉冲对信息进行编码，这一特性消除了收发装置间的频偏对解码效果的影响，进而使LoRa调制技术突破了多普勒效应的限制，即使收发器之间的频偏达到了带宽的20%，也不会影响解码效果。因此，引入LoRa调制技术，不仅可降低对发射器晶振的精度要求，还可以节省发射成本。此外，LoRa调制技术的自动跟踪功能可实现频率啁啾的自动跟踪，提高了系统的灵敏度。

带宽（BW）、扩频因子（SF）和编码速率（CR）是LoRa调制技术的三个主要参数。其不仅影响了调制的有效比特率，还决定了解码的难易程度及抗干扰、抗噪声的能力。BW作为LoRa调制技术中的一个最重要的参数，在给定SF的前提下，BW扩大一倍，相应的符号速率和比特速率会增加一倍，也就是说，BW和符号速率及比特速率成正比。在LoRa中，2SF个啁啾脉冲组成一个LoRa符号，当SF每增加“1”，啁啾脉冲的频率跨度会缩小1/2，但持续时间会增加一倍，因此SF的变化不会影响比特速率。在数值上，啁啾脉冲速率与BW相等，也就是说，BW代表了一个啁啾脉冲每秒每赫兹的带宽。

一般来说，BW的增加会导致接收机灵敏度的降低，而SF增加则会提高接收机的灵敏度。降低CR有助于减少短脉冲干扰导致的误包率，即CR为4/8时的传输比CR为4/5时的传输更具抗干扰性。

三、LoRa模块ATK-LoRa-01无线串口模块

1.特性参数

ATK-LoRa-01模块的信道一共有32个，采用的是工作频率为410 ~ 441MHz的ISM频段射频SX1278扩频芯片，非常高效，既可以升级固件，又可以在AT指令下对发射功率、串口速率、工作模式及空中速率等参数进行在线修改。高灵敏度、低能耗、体积小是ATK-LoRa-01模块的优势。

LoRa典型的应用包括无线抄表、无线传感、智能家居、工业遥控、遥测、智能楼宇、智能建筑等与ZigBee类似。

ATK-LoRa-01无线串口模块通过1×6的排针（2.54mm间距）同外部连接，模块可以与ALIENTEK战舰STM32F103V3、精英STM32F103、探索者STM32F407、阿波罗STM32F429/767开发板直接对接（插ATK-MODULE接口），用户可以直接在这些开发板上，对模块进行测试。

模块通过一个1×6的排针同外部电路连接，各引脚的详细描述见表3-1。

表3-1　引脚说明

序号	名称	引脚方向	说明
1	MDO	输入	1. 配置进入参数设置
			2. 上电时与AUX引脚配合进入固件升级模式
2	AUX	1. 输出	1. 用于指示模块工作状态，用户唤醒外部MCU
		2. 输入	2. 上电时与MD0引脚配合进入固件升级模式
3	RXD	输入	TTL串口输入，连接到外部TXD输出引脚
4	TXD	输出	TTL串口输出，连接到外部RXD输入引脚
5	GND		地线
6	VCO		3.3 ~ 5V电源输入

从表3-1可以看到MDO与AUX引脚有两个功能，根据两者配合进入不同的状态。模块在初次上电时，AUX引脚为输入状态模式，若MDO与AUX引脚同时接入3.3VTTL高电平，并且保持1秒时间（引脚电平不变），则模块会进入固件升级模式，等待固件升级。否则进入无线通信模式（AUX引脚会变回输出状态模式，作用于指示模块的工作状态）。

AUX引脚只在模块上电时检测3.3VTTL高电平时为输入状态，其他时候都为输出状态。

2.通信方式

透明传输、定向传输及广播与数据监听是三种主要的通信方式。

第一，透明传输：即透传数据，例如：A设备发5字节数据AA BB CC DD EE到B设备，B设备就收到数据AA BB CC DD EE（透明传输，针对设备相同地址、相同的通信信道之间通信，用户数据可以是字符或16进制数据形式）。

第二，定向传输，即定点传输，例如：A设备可用123410AA BB CC的通信格式将数据AA BB CC传递给B设备，其中，1234代表B设备的地址，10代表信道，AA BB CC为传递的信息。B设备也可用140017AA BB CC的通信格式将数据AA BB CC传递给A设备。定向传输采用的是十六进制的数据格式以及高位地址+低位地址+信道+用户数据的发送格式，可以在不同的设备和通信信道之间进行通信。

第三，广播与数据监听：当0×FFFF为模块地址时，不仅相同信道上的数据可以被监听，而且相同信道上的每一个模块都能够收到发送的数据。

模块使用之前需要进行模块配置，上电后，当AUX为空闲状态（AUX = 0），MDO设置高电平（MDO = 1）时，模块会工作在“配置功能”，此时无法发射和接收无线数据。在“配置功能”下，串口需设置：波特率“115200”、停止位“1”、数据位“8”、奇偶校验位“无”，通过AT指令设置模块的工作参数。

（1）通信-透明传输

① 点对点。当两个模块有着相同的信道、地址和无线速率（非串口波特率）时，一个模块就可以接收另一个模块发送的数据，发送和接收的模块可任意调换，但必须保证一个模块发，一个模块收。这种模式下的所有数据都是透明的，所发即所得。

② 点对多。当模块有着相同的信道、地址和无线速率（非串口波特率）时，每个模块都可以作为发送或接收数据的模块，其他模块可以接收任一模块发送的数据。这种模式下的所有数据都是透明的，所发即所得。

③ 广播监听。在广播监听模式下，当0×FFFF为模块地址时，有着相同速率和信道的模块就可以接收（广播）和传输（监听）数据。地址不同时也可以进行广播监听。

（2）通信-定向传输

① 点对点。模块发送时可修改地址和信道，用户可以指定数据发送到任意地址和信道。可以实现组网和中继功能。

发送模块（1个）：地址+信道+数据；接收模块（1个）：数据。

点对点（透传）：模块地址、信道、速率相同；点对点（定向）：模块地址可变、信道可变，速率相同。

②广播监听。在广播监听模式下，当0×FFFF为模块地址时，有着相同速率和信道的模块就可以接收（广播）和传输（监听）数据。地址不同时也可以进行广播监听。信道地址可设置。当地址为0×FFFF时，为广播模式；为其他时，为定向传输模式。

发送模块（1个）：0×FFFF+信道+数据；接收模块（N个）：数据。

发送模块（1个）：地址（非0×FFFF）+信道+数据；接收模块（1个）：数据。

3.数据流控制

模块内部是存在FIFO的，发送是通过获取FIFO里的用户数据RF发射出去，接收则是将数据存到模块FIFO，再发送回给用户。这时如果用户设备通过串口到模块的数据量太大，超过模块512字节FIFO很多时，会存在溢出现象，数据出现丢包，此时建议模块发送方降低串口速率，并且提高空中无线速率（串口速率<空中无线速率），从而提高缓存区的数据流转效率，减少数据溢出的可能。而模块接收方则应提高串口速率（串口速率>空中无线速率），提高输出数据的流转效率。模块在数据包过大的情况下，不同的串口波特率和空中无线速率配置下，会有不同的数据吞吐量，具体数值以用户实测为准。

第三节　NB-IoT长距离无线通信技术

一、NB-IoT物理层

1.NB-IoT上行物理信道

对于上行链路，NB-IoT定义了两种物理信道：窄带物理上行共享信道（NPUSCH）和窄带物理随机接入信道（NPRACH），还有上行解调参考信号（DMRS）。除了NPRACH之外，所有数据都通过NPUSCH传输。

当NB-IoT上行使用SC-FDMA时，就要降低NB-IoT终端的成本，上行需要使用单频传输，子载波共有48个，子载波间隔分别为15kHz和3.75kHz。

当子载波间隔为15kHz时，采用和LTE相同的资源分配方式。当子载波间隔为3.75kHz时，不会对LTE系统产生较大的干扰。当下行与LTE有着相同的帧结构，只有3.75kHz子载波间隔帧结构中的时隙总长达到2ms，且Symbol达到7个时，上行与下行才能实现相容。

此外，NB-IoT系统中的采样频率为1.92MHz，子载波间隔为3.75kHz的帧结构中，一个符号的时间长度为512Ts，Ts为采样时间，加上16Ts的循环前缀（CP）长度，共

528Ts。因此，一个时隙包含7个Symbol再加上保护区间共3840Ts，即2ms长。

（1）NPRACH　NPRACH子载波间隔为3.75kHz，占用1个子载波，有前导码格式0和前导码格式1两种格式，对应66.7μs和266.7μs两种循环前缀（CP）长度，对应不同的小区半径。1个符号组（Symbol group）包括1个CP和5个符号，4个Symbol Group组成1个NPRACH信道。

NPRACH信道通过重复获得覆盖增强，重复次数可以是{1，2，4，8，16，32，64，128}。

"专用信道资源会让UE的状态从空闲变成连接，这就是随机接入过程。"在NB-IoT申请调度资源的过程中，若不能使用可以同步的SR流程，则会随机接入流程。随机流程的子载波间隔为3.75kHz，发送的前导码中既有循环前缀，又有5个相同的OFDM符号，同时会使用单子载波跳频符号组，其前缀会不断循环。正如NB-IoT的NPUSCH上行共享信道那样，循环前缀无须加在随机接入前导序列的每个OFDM符号之前，这是因为它采用的不是多载波调制，所以CCP子载波之间无须依靠循环前缀维持正交性。随机接入前导码会由基站侧进行确认。

一个前导码（Preamble）中的符号组有4个，前导码会在配置时频资源参数之后随机接入已经分配好的时频，以完成资源的传输。SIB2-NB消息经过解读之后会将预配置参数传递给UE。

如果NPRACH-Periodicity = 1280ms，则随机接入的无线帧号应为0，128，256…即128的整数倍，随机接入的延迟时间会随着数值的增大而延长，但这并不会对物联网NB-IoT产生较大的影响。窄带物联网终端可以允许一定的延迟，但前提是数据传递必须保证较高的准确性。NPRACH-StartTime可以决定开始的时间，如果NPRACH-StartTime = 8，那么就要在上述无线帧的第4号时隙上将（8ms/2ms = 4）通过前导码发送出来。以上两组参数搭配要按照相应的规则进行取值，当NPRACH-Periodicity和NPRACH-StartTime的取值不在规定的范围内时就要做出相应的调整。

一个前导码（Preamble）中的符号组有4个，如果numRepetitions PerPreamble Attempt = 128（最大值），就代表前导码要进行128次的反复传递，这时前导码传输需要耗费的时间是4×128×（TCP+TSEQ）TS（时间单位），根据协议，需要在传输时间达到4×64（TCP+TSEQ）TS时加入40×30720Ts间隔（36.211R1310.1.6.1），若传输时的前导码格式为0，则传输时间就要延长到796.8ms，这个时间要明显长于LTE的随机接入时间，但这依然不会对物联网终端产生较大的影响。

频域位置要在频域最大子载波数的范围内将频域资源分配给前导码，即NPRACH-SubcarrierOffset+NPRACH-NumSubcarriers≤48，参数配置若是大于48就属于无效分配。符号中NPRACH的初始位置取决于NPRACH-SubcarrierOffset和NPRACH-NumSubcarriers这两个参数，NPRACH在跳频时会选择不同的符号和单子载波，但前提条件是其跳频范围不能超过起始位置12个子载波。

NPRACH-NumCBRA-StartSubcarriers和NPRACH-SubcarrierMSG3-RangeStart这两个参数决定了随机过程竞争阶段的起始子帧位置，如果NPRACH-SubcarrierMSG3-RangeStart取值为1/3或者2/3，那么指示UE网络侧支持multi-tone方式的msg3传输。UE只有在得到NPRACH的信道参数配置之后才能进行非同步的随机接入。从物理层面看，随机接入过程需要两个流程，第一个流程是发送随机接入前导码，第二个流程是接收随机接入响应。而像竞争解决及响应（msg3，ms4）等剩下的消息则会使用共享信道进行传输，所以就没有随机接入过程。

（2）NPUSCH　上行数据和上行控制信息都可以通过NPUSCH进行传送。在传输过程中，NPUSCH既可以使用单频，又可以使用多频。

NPUSCH上行子载波间隔有3.75kHz和15kHz两种，上行可以通过单载波传输（Singletone）和多载波传输（Multitone）这两种方式进行传输，其中，Singletone既可以使用3.75kHz的子载波带宽，又可以使用15kHz的子载波带宽，Multitone可以传输的子载波数量为3kHz、6kHz、12kHz，15kHz为其子载波间隔。

若3.75kHz为子载波间隔，则上行子载波的数量为48；若15kHz为子载波间隔，则上行子载波的数量为12。当数据信道为OFDM时，若带宽相同，相干带宽就会随着子载波间隔的缩小而变大，这不仅会增强数据传输的抗干扰性，还会提高数据传输的效率。但此时还要参考快速傅里叶逆变换（IFFT）的计算效率，过小的子载波也不可以。此外，还要考虑是否与LTE大网的频带相互兼容。在传输数据的过程中，当上行使用的是2ms的物理层帧结构时隙和Singletone模式3.75kHz带宽时，那么时隙就要与FDD LTE一一对应。每个时隙中的OFDM符号有7个，每个符号中的T_s（时域采样）有8448个，这些T_s中的循环校验前缀有256T_s个，保护带宽为多出的时域长度（2304T_s）。

资源单位（RU）是调度的基本单位。LTE的基本资源调度单位是PRB，而NB-IoT的上行共享物理信道NPUSCH并没有固定的基本资源调度单位，它是按照时频资源组合进行灵活调度的。NPUSCH的传输格式分为两种，传输内容会根据不同的资源单位发生变化。用户数据和信令可以通过NPUSCH格式1进行传输，不仅如此，它还可以承载上行共享传输信道UL-SCH，Singletone和Multitone是UL-SCH传输块的两种资源单位格式，UL-SCH传输块在调度发送的过程中既可以使用一个物理资源单位，又可以使用多个物理资源单位。

上行控制信息（物理层）可以使用NPUSCH格式2承载，如ACK/NAK应答。根据3.75kHz、8ms或者15kHz、2ms分别进行调度发送。

Singletone和Mulittone的RU定义为：调度RU数可以为{1，2，3，4，5，6，8，10}，在NPDCCHN0中指示。

NPUSCH采用低阶调制编码方式MCS0 ~ 11，重复次数为{1，2，4，8，16，32，64，128}。

NB-IoT没有特定的上行控制信道，控制信息也复用在上行共享信道（NPUSCH）中发送。所谓的控制信息指的是与NPDSCH对应的ACK/NAK的消息，并不像LTE大网那样还需要传输表征信道条件的CSI以及申请调度资源的SR。

① 对于NPUSCH格式1。3.75kHz的子载波间隔只能进行单频传输。从时域上看，一个RU有16个时隙；从频域上看，一个RU有1个子载波；从长度上看，一个RU等于32ms。

15kHz的子载波间隔可以进行单频和多频传输。从时域上看，一个RU有16个时隙；从频域上看，一个RU有1个子载波；从长度上看，一个RU等于8ms。用2的幂次方作为资源单位的时间长度可以提高资源的利用效率，减少因资源空隙而产生的资源浪费。

② 对于NPUSCH格式2。RU的构成中除了有4个时隙，还有1个子载波。8ms的RU时长匹配的是3.75kHz的子载波间隔；2ms的RU时长匹配的是15kHz的子载波间隔。

BPSK是NPUSCH格式2采用的调制方式。

当只有一个子载波的RU时，NPUSCH格式2的调制方式为BPSK和QPSK；QPSK为NPUSCH格式2在其他情况下使用的调制方式。

一个TB在传输过程中要占用两个以上的资源单位，所以NPDCCH会收到来自Uplink Grant三个方面的信息：a.一个TB所包含的资源单位数目；b.指示上行数据传输所使用的资源单位的子载波的索引；c.重传次数指示。

NB-IoT终端可以通过NPUSCH格式2将NPDSCH的HARQ-ACK/NACK进行传送，RRC参数会设定重传次数，NPDSCH的下行分配会对子载波的索引作出指示。

NPUSCH在现阶段只能使用天线单端口，其中的RU可以有一个或多个。NPDDCH承载的以DCI为NPUSCH格式的N0会确定RU的数量。NPUSCH为了提供可靠的上行信道数据，不仅会采用“内部切片重传”机制，还会采用“外部整体重传”机制。格式2则不会采用内部分割切片机制，因为它承载的数据量并不大，所以只需重复传输NPUSCH所承载的信息即可。在传输过程中，NPRACH要优先传输信息，不可与NPUSCH同步，若二者产生时隙重叠，则NPUSCH就要在延迟256ms之后再进行传输。NPUSCH与NPRACH在完成传输之后需要40ms的保护间隔，无论是被延迟的NPUSCH，还是40ms的保护间隔，它们都是保护带的一部分。

NPUSCH具有功率控制机制，基站侧要想成功解码信息，就要利用“半动态”对上行发射功率进行调整。从功控机制上看，上行与LTE是相似的，都采用“半动态”调整的方式，这是因为在功控时目标期望功率会稳定在小区级而不会发生改变，UE有两种方式获取目标期望功率：一是接入小区；二是在新小区进行重新配置，在功控过程中做出的调整属于路损补偿。UE要想明确NPUSCH格式1/2或Msg3等上行传输内容，就要对NPDCCH中的UL grant进行检测，当路损的内容不同时，上行期望功率的计算和补偿的调整系数也会不同。时隙是上行功控的基本调度单位，在此要强调的是，若NPUSCH的RU需要2次以上的重传次数，则NB-IoT就会被限制。当上行信道在发射过程中不使用最大功率，也不采取功控措施时，其值就要在UE最大发射功率允许的范围内。从UE最大发射功率能力看，Class3是23dBm，Class5是20dBm。

（3）DMRS　当RU的格式不同时，解调参考信号就会不同。主要按照$N_{sc}^{RU}=1$（一个RU包含的子载波数量）和$N_{sc}^{RU}>1$两类来计算。NPUSCH其他两种格式也会产生不同的解调参考信号，从每个NPUSCH传输时隙拥有的解调参考信号看，格式1有1个，格式2有3个。之所以这样设计，不仅是因为NPUSCH的RU会出现很多空闲位置，还因为RU在控制信息时不会使用较多的时域资源。当RU拥有不同的子载波时，可以参考Singletone与Multitone分类，为了保证信道质量，每个子载波的DMRS参考信号都要在一个以上，而且DMRS要与NPUSCH信道拥有相同的功率。利用小区ID进行公式计算或是对系统消息SIB2-NB中的NPUSCH-ConfigCommon-NB信息块中所包含的参数进行解读都可以使Multitone生成参考信号。在解调参考信号的过程中，为了保证不同小区之间的上行符号不受到干扰，可以采用序列组跳变的方式。这种方式是利用不断变换的编码让DMRS参考信号本身发生改变，并不会让DMRS参考信号所处的子帧位置发生改变。

从RU内部的每个时隙中的序列组计算方式看，当RU的$N_{sc}^{RU}=1$时，其计算方式不会发生改变；当RU的$N_{sc}^{RU}>1$时，其计算方式就会每隔偶数时隙改变一次。当RU内部可以保证每个时隙的每个子载波有一个以上的参考信号时，DMRS就会产生物理资源映射。简单来讲，就是在解调每个时隙上的子载波时都要做到万无一失，同时要对DMRS进行合理的分配，以避免消耗过多的资源。在物理资源映射分配的过程中，格式1与格式2会呈现出不同的DMRS。格式1的DMRS参考信号只会在每个时隙的每个子载波上出现1次，而格式2会出现3个。

NB-IoT上行SC-FDMA基带信号对于单子载波RU模式需要区分是BPSK还是QPSK模式，即基于不同的调制方式和不同的时隙位置进行相位偏置。这一点与LTE是不同的，LTE上行的SC-FDMA主要是由于考虑到终端上行的PAPR问题而采取在IFFT前加离散傅里叶变换（DFT），同时分配给用户频域资源中不同子载波的功率是一样的，这样PAPR问题得到了有效的缓解。而对于NB-IoT而言，一个NPUSCH可以包含多个不同格式的RU，一个终端可能同时包含发射功率不同的多个NPUSCH，这样会使得PAPR问题凸显，因此通过基于不同调制方式数据的相位偏置可以进行相应的削峰处理，同时又不会像简单的啁啾脉冲放大技术一样使得频域旁瓣发生泄漏，产生带外干扰。

2.eMTC物理信道

（1）eMTC物理层　eMTC是LTE的演进功能，在TDD及FDD LTE 1.4 ~ 20MHz系统带宽上都有定义，但无论在哪种带宽下工作，业务信道的调度资源限制在6PRB以内。

eMTC的子帧结构与LTE相同。与LTE相比，eMTC下行PSS/SSS及CRS与LTE一致，同时取消了PCFICH和PHICH信道，兼容LTE的PBCH，增加重复发送以增强覆盖，MPDCCH基于LTE的EPDCCH设计，支持重复发送，PDSCH采用跨子帧调度。上行PRACH、PUSCH和PUCCH与现有LTE结构类似，增加重复发送次数以增强覆盖。

eMTC最多可定义4个覆盖等级，每个覆盖等级PRACH可配置不同的重复次数。eMTC根据重复次数的不同，分为Mode A及Mode B，Mode A无重复或重复次数较少，而Mode B重复次数较多。

（2）eMTC下行物理信道

① PBCH。eMTC技术的PBCH完全兼容LTE系统，周期为40ms，支持eMTC的小区有字段指示。采用重复发送增强覆盖，每次传输最多重复发送5次。当LTE系统带宽为1.4MHz时，PBCH不支持重复发送，即无覆盖增强功能。

② MPDCCH。MPDCCH用于发送调度信息，基于LTER11的EPDCCH设计，终端基于DMRS来接收控制信息，支持控制信息预编码与波束赋形等功能。一个EPDCCH传输一个或多个增强控制信道资源（ECCE），聚合等级为｛1，2，4，8，16，32｝，每个ECCE由多个增强控制信道资源（EREG）组成。

MPDCCH的最大重复次数Rmax可配，取值范围｛1，2，4，8，16，32，64，128，256｝。

③ PDSCH。eMTCPDSCH与LTEPDSCH信道基本相同，但增加了重复和窄带间跳频，用于提高PDSCH信道覆盖能力和干扰平均化。eMTC终端可工作在Mode A和Mode B两种模式。

在Mode A模式下，上行和下行HARQ进程数最大为8，在该模式下，PDSCH重复次数为｛1，4，16，32｝。

在Mode B模式下，上行和下行HARQ进程数最大为2，PDSCH重复次数为｛4，16，64，128，256，512，1024，2048｝。

（3）eMTC上行物理信道

① PRACH。eMTC的PRACH的时频域资源配置沿用LTE的设计，支持format0/1/2/3。频率占用6个PRB资源，不同重复次数之间的发送支持窄带间跳频。每个覆盖等级可以配置不同的PRACH参数。

PRACH信道通过重复获得覆盖增强，重复次数是｛1，2，4，8，16，32，64，128，256｝。

② PUCCH。PUCCH频域资源格式与LTE相同，支持跳频和重复发送。

Mode A支持PUCCH上发送HARQ-ACK/NACK、SR、CSI，即支持PUCCH format 1/1a/2/2a，支持的重复次数为｛1，2，4，8｝；Mode B不支持CSI反馈，即仅支持PUCCH format 1/1a，支持的重复次数为｛4，8，16，32｝。

③ PUSCH。PUSCH与LTE一样，但可调度的最大RB数限制为6个。支持Mode A和Mode B两种模式，Mode A重复次数是｛8，16，32｝，支持最多8个进程，速率较高；Mode B覆盖距离更远，重复次数是｛192，256，384，512，768，1024，1536，2048｝，最多支持上行2个HARQ进程。

二、NB-IOT移动性管理

NB-IoT最初设计是针对电力抄表、水务监测等静止设备，因此NB-IoT是不支持移动性的。3GPPR13版本下，NB-IoT在连接态下无法进行小区切换或重定向，仅能在空闲态下进行小区重选。在后续版本中，产业界有可能针对某些垂直行业需求，提出连接态移动性管理的需求。对于eMTC，由于该技术是在LTE基础上进行优化设计的，可支持连接态小区切换。

以下介绍NB-IoT移动性管理是指NB-IoT终端在空闲态、连接态下的管理。

NB-IoT终端在空闲态的活动与传统LTE终端类似，主要包括陆地公众移动网络（PLMN）选择、小区选择和重选、跟踪区注册。

PLMN选择是指当UE开机或者从无覆盖的区域进入覆盖区域，首先选择最近一次已注册过的PLMN，或者等级别的PLMN（EPLMN）列表中的PLMN，并尝试在选择的PLMN注册。

NB-IoT终端通过漫游注册到一个访问PLMN（VPLMN）后，会周期性地搜索归属PLMN（HPLMN），尝试重新回到HPLMN。周期搜索HPLMN的时间长度由运营商控制，存储在USIM卡中。为了节省耗电，NB-IoT终端的搜索周期比LTE长，周期长度取值范围为2 ~ 240h。如果在USIM卡中未配置，则默认为72h。

小区选择和重选过程与传统LTE网络类似，遵循S准则与R准则。小区搜索的过程主要包括UE与小区取得时间和频率同步，得到物理小区标识，根据物理小区标识，获得小区信号质量与小区其他信息。

小区选择和小区重选等相关信息通过系统消息在广播信道上向UE广播，寻呼消息会告知小区内所有的UE系统消息是否变化以及传递寻呼UE的消息。

1.LTE网络的寻呼管理

（1）寻呼消息的发送　寻呼消息主要作用于传输寻呼消息或通知变更信息给空闲态的UE和注册态的EMM系统。寻呼消息既可以由MME发起，也可以由eNodeB触发。

MME发送寻呼消息时，eNodeB根据寻呼消息中携带的UE的TAL信息，通过逻辑信道PCCH向其下属于TAL的所有小区发送寻呼消息寻呼UE。用户寻呼空口下发次数可通过参数PagingSentNum配置，以增加UE收到寻呼消息的概率。

系统消息变更时，eNodeB将通过寻呼消息串联起系统范围内所有EMM注册态UE，并实时更新系统消息，及时输送到各个单位，以保证小区内所有EMM注册态的UE处在最新动态中，由此展现出了eNodeB在DRX周期作用下的传输消息功能。

寻呼消息依靠空闲态或连接态的UE才能在TD-LTE系统中自由发起或传输消息。而Paging消息的作用范围相对较小，其触发方式有以下两种：

UE的运作需要依赖IDLE模式，当网络发起业务或传输数据时，会主动启用S_TMSI

寻呼系统；当S_TMSI系统无法工作而导致网络发生错误时，会启用IMSI寻呼系统，待UE收到消息后才执行本地命令，之后再连接系统恢复正常运行状态。

S1AP接口消息可帮助MME对Paging消息进行自动识别，捕捉Paging消息中所携带的UE信号，并在eNB系统的作用下生成TA列表，从而对列表中所涉及的小区进行空口寻呼。如果UE优先将DRX消息传输至MME，那么MME只需通过Paging消息告知eNB即可。

在传输寻呼消息的过程中，eNB系统会自动整合在相同寻呼时机中类似的寻呼内容，在PCCH逻辑信道捕捉到寻呼消息后，再根据DRX周期在PDSCH上发送。

（2）寻呼消息的读取　UE寻呼消息系统的运作需要遵循TD-LTE机制中的DRX原则。

UE是在DRX周期的特定时间作用下通过P-RNTI读取PDCCH。

UE是在PDCCH的指示命令下识别PDSCH信号，并将所读取的数据通过PCH传输信道传输到MAC层，其中,PCH传输信道会分辨被寻呼的UE标识，如果未被成功分辨出来，则会导致UE再次进入DRX状态。

TD-SCDMA系统中UE也遵循DRX周期读取寻呼消息，但有专用的寻呼信道——PICH物理信道和PCH逻辑信道，且CS域和PS域是同一个寻呼。而在TD-LTE系统中，寻呼信息是占用共享信道资源，与专用寻呼信道有很大的不同。

（3）空口寻呼机制　空闲状态下，UE以DRX方式接收寻呼信息以节省耗电量。寻呼信息出现在空口的位置是固定的，以寻呼帧（PF）和寻呼时刻（PO）来表示。一个寻呼帧（PF）是一个无线帧，可以包含一个或多个寻呼时刻（PO）。

寻呼时刻（PO）是寻呼帧中的一个下行子帧，其中包含寻呼无线网络临时标识（P-RNTI）的信息，在PDCCH上传输。P-RNTI在协议中被定义为固定值。UE将根据P-RNTI从PDSCH上读取寻呼消息。

PF的帧号和PO的子帧号可通过UE的IMSI、DRX周期以及DRX周期内PO的个数来计算得出。帧号信息存储在UE的DRX参数相关的系统信息中，当这些DRX参数变化时，PF和PO的帧号也随之更新。

PF的帧号SFN的计算公式为：$\mathrm{SFN\ mod}\ T=(T\ \mathrm{div}\ N)\times(\mathrm{UE\_ID\ mod}\ N)$。

PO的子帧号i_s的计算公式为：$\mathrm{i\_s}=(UE\_\mathrm{ID}/N)\mathrm{mod}\ N_\mathrm{S}$。

公式中的相关参数如下：

T：T是DRX周期，由UE特定的最短DRX周期所决定，可以由NAS层指示，也可通过参数默认DRX周期DefaultPagingCycle决定。如果NAS层指示了DRX周期，则比较DefaultPagingCycle与NAS层指示的DRX周期，UE采用两者中较小的DRX周期。若NAS没有指示，则由参数DefaultPagingCycle决定，通过系统消息下发给UE。

$N=\min(T,\ NB)$：参数NB是一个DRX周期内PO的个数，可在eNodeB侧根据实际情况配置，取值可以是4T、2T、T、T/2、T/4、T/8、T/16、T/32。

$N_\mathrm{S}=\max(1,\ \mathrm{NB/T})$。

UE_ID = IMSI mod 1024。如果UE在没有IMSI的情况下紧急呼叫，UEID使用默认值

0。MME触发的寻呼，UE_ID对应为S1接口Paging消息中的信元ue Identity Index value。enodeB触发的寻呼，没有UE_ID，UE使用默认UE_ID = 0。

eNodeB收到发送寻呼消息指示，从下个PO开始，在每个PO上生成一个寻呼消息，填写system Info Modification，持续一个DRX周期；或者计算UE的最近一个PO，生成一个寻呼消息，填写Paging Record，如果这个PO上已经有其他UE的Paging Record或者systemInfo Modification，则进行合并后再发送。

UE使用空闲模式DRX来降低功耗。在每个DRX周期，UE只会在自己的PO去PDCCH信道读取P-RNTI，根据P-RNTI从PDSCH信道读取寻呼消息包。而不同的UE，可能会有相同的PO，这样，当它们在同一个DRX周期内被MME寻呼时，RRC层需要将他们的寻呼记录合并到同一个寻呼消息中。相同地，当某些特定UE的寻呼和系统消息改变触发的群呼同时发生时，RRC层也需要合并Paging消息。

RRC_IDLE状态的UE在每个DRX周期内的PO子帧打开接收机侦听PDCCH。UE解析出属于自己的寻呼时，UE向MME返回的寻呼响应将在NAS层产生。当UE响应MME的寻呼体现在Rrc Connection Request消息信元Establishment Cause值为mt-Access。

当UE未从PDCCH解析出P-RNTI或者UE解析出了P-RNTI，但未发属于自己的PagingRecord时，UE立即关闭接收机，进入DRX休眠期以节省电力。

2.NB-IoT寻呼管理

（1）eDRX功能　3GPP协议定义空闲态eDRX功能，将NB-IoT的寻呼周期从传统的2.56s延长到最大2.92h，减少空闲态UE周期监听寻呼信道的次数，能长时间处于低功耗深睡眠状态，节省UE耗电。

eDRX功能的增益包括两个方面：① 相比传统寻呼DRX，UE休眠周期更长，更省电；② 相比PowersavingMode模式，UE支持周期监听寻呼信道，能够及时响应被叫业务。

eDRX周期越长，UE耗电越小，和PSM的耗电越接近。

eNodeB在系统消息中广播H-SFN帧号，UE接收H-SFN帧号。当有eDRX寻呼时，eNodeb计算UE的寻呼时间并下发寻呼。UE也按照相同算法计算寻呼监听时间去接收寻呼消息。

由于eDRX寻呼周期长，MME不可能在接收到寻呼消息后直接下发给eNodeB处理（缓存受限、响应时间长），而是要等到UE的寻呼周期到来之前才下发。为了估算UE的寻呼时间，MME需要使用和eNodeB相同的H-SFN号。即MME和eNodeB/UE要保持H-SFN同步关系。

PTW寻呼时间窗口是eDRX UE监听寻呼消息的时间。由MME配置给UE。UE只在PTW窗口内唤醒，按普通寻呼方式监听寻呼消息，直到接收到寻呼消息，或PTW结束。网络侧可以在PTW窗口内重发寻呼消息，提高寻呼成功率。目前基站侧不支持重发，都由核心网负责重发。

PTW长度为2.56s的整数倍，最长为16个2.56s，即40.96s。eNode和UE根据eDRX周期TeDRX，H和寻呼窗口长度L，计算PTW的起始位置和结束位置。

UE_ID_H是S-TMSI用CRC-32计算出的HASHID。eDRX只支持S-TMSI寻呼，不支持按IMSI寻呼。

（2）空闲态eDRX寻呼流程　eNodeB在MIB和SIB1广播Hyper-SFN超帧号，UE获取超帧号。

当UE要使用eDRX时，UE在attach request/TAU request中携带eDRX周期长度，发送给MME。

若MME接受UE的eDRX请求，根据本地策略可给UE配置不同的eDRX周期和PTW寻呼时间窗口长度，在Attach Accept/TAU Accept中携带给UE。如果MME拒绝UE的eDRX请求，UE将使用传统的寻呼DRX机制。

当S-GW有数据到达时，通知MME。MME根据UE的eDRX周期计算出UE接收寻呼的超帧Hyper-SFN和寻呼帧PH。在UE的寻呼帧时间到达之前，将寻呼消息下发给eNodeB。

eNodeB接收到寻呼消息后，根据消息中包含的eDRX周期计算出超帧和寻呼帧的时间，根据基站配置的寻呼周期计算出UE接收寻呼的时间（寻呼机会PO），然后在此时间将寻呼消息下发给UE。

UE使用和eNodeB同样的办法，计算寻呼下发时间，在此时间内监听，并从eNodeB获得下发的寻呼消息。

在通信系统中，运营商首要关注的就是规划投资。而对以“物”为核心的通信网络来说，后期的网络优化不像以“人”为核心的通信网络那么看重用户感知。换句话就是，“物”不说话，也不会“投诉”。另外，基于NB-IoT的物联网移动性特征并不那么明显，因此，面对“无声”物联网设备，前期的规划尤为重要。

三、NB-IoT网络规划管理

1.NB-IoT网络架构

NB-IoT整体网络架构主要分为5部分：终端侧、无线网侧、核心网侧、物联网支撑平台及应用服务器。其中终端侧包括实体模块（如水表、煤气表）、传感器、无线传输模块。

无线侧包括两种组网方式：一种是整体式无线接入网（Single RAN），其中包括2G/3G/4G以及NB-IoT无线网；另一种是NB-IoT新建。

核心网侧网元包括两种组网方式，一种是整体式的演进分组核心网（EPC）网元，包括2G/3G/4G核心网；另一种是物联网核心网。

物联网支撑平台包括归属位置寄存器（HLR）、策略控制和计费规则功能单元（PCRF）、物联网（M2M）平台。

终端侧主要包含行业终端与NB-IoT模块，其中，行业终端包括：芯片、模组、传感器接口、终端等，NB-IoT模块包括无线传输接口、软SIM装置、传感器接口等。

无线网侧作为通道，计划采用多模设备逐步开通NB-IoT、eMTC及FDD - LTE多模网络。

核心网侧通过IoTEPC网元，以及GSM、UTRAN、LTE共用的EPC，来支持NB-IoT和eMTC用户接入。核心网负责移动性、安全、连接管理，支持终端节能特性，支持拥塞控制与流量调度以及计费功能。

业务平台有自有平台，也可以接入第三方平台，支持应用层协议栈适配，终端设备、事件订阅管理、大数据分析等。

上述整体网络架构解决方案可分以下两阶段进行。

第一，实现端到端服务：终端侧、无线测、核心网、应用平台的无缝连接，积累物联网端到端综合解决方案的经验。

第二，积累业务运营经验：通过核心网与业务支撑系统（BOSS）的对接、核心网与物联云平台的对接、业务支撑网与物联云平台的对接、物联云平台与应用服务平台的对接、网管与现网的融合等，积累业务运营的实践经验。

2.NB-IoT网络规划过程

（1）核心网规划　NB-IoT核心网可考虑利用现有EPC与新建EPC的方案，考虑到后期NB-IoT的维护和扩展性，现网多采用新建虚拟化核心网NFV进行组网，网元包含vHSS/vMME/vSGW/vPGW/vCG/vEMS网元。

具体部署方案如下。

① 物联网核心网按照集团指导思路建议省份集中建设。

② 现网2G/3G/4G核心网和NB-IoT物联网核心网属于两套不同的商用核心网，业务和网络规划分开考虑。现网2G/3G/4G核心网是基于核心网专有硬件建设，物联网核心网是基于虚拟化技术建设，设备形态、组网、协议以及业务规划不相同。

核心网建设可按照两个阶段进行部署：第一阶段，新建一套vEPC核心网，完成NB-IoT的业务测试和虚拟化功能验证；第二阶段，按照业务需求，进行eMTC核心网虚拟化部署开通并承载业务。

新建MME需要通过PTN与无线侧对接，新建SAE-GW与CMNET对接，机房需具备一个机柜安装位置及电源供给能力。

（2）传输规划　NB-IoT传输规划中，分组传送网（PTN）分为接入环与汇聚环，接入环一般采用千兆以太网（GE），汇聚环采用10GE组网。

PTN接入层可采用快速以太网（FE），即百兆以太网，基站为基带处理单元（BBU）。

站点的传输需求如下。

① 每个BBU（基带处理单元）各自接入传输环，也可以汇聚后共用一个传输端口。

② 传输带宽主要考虑LTE带宽需求。

③ 物联网及LTE采用全IP化传输，一般要求空载情况下基站到核心网络的迟延小于20ms，时延抖动小于7ms，丢包率小于0.05%。

（3）站址规划原则　网络建设采用统一规划、分步实施、一次投资、多网收益的设计方案。因此，站点选择将满足开通FDD、NB-IoT、eMTC多模能力。具体原则如下。

① 选择合理的网络结构。

② 从现网（4G/3G/2G）中选择合理的站址来建设。

③ 重点分析和避免过高站、过低站及过近站建设对NB-IoT和eMTC的影响。

④ 利用链路预算和仿真等手段来计算小区半径，并评估站点选择方案。

⑤ 对于NB-IoT和eMTC站点，尽量多选择一些站点，以供实际建设中能够合理根据实际情况调节。

要从一般和特殊两种情况考虑站间距的标准。一般来说，终端在网络的分布情况是影响站间距的重要因素，绝大多数的终端性能较为稳定，但也有极特殊情况，个别极端例子也要进行考量，因此，还需给极端情况留出余量，以防出现意外情况发生。根据3GPP下面的IoT业务分布模型（伦敦和巴黎IoT终端分布分析），88.3%的IoT终端的最大负荷耦合路损（MCL）是优于144dB的，仅比154dB MCL的终端占比低2.8%。NB-IoT的技术设计目标是MCL = 164dB，速率可达200bit/s。NB-IoT的极限覆盖能力十分优秀，甚至可以支撑173dB MCL的覆盖，但从业务角度来看，上行速率仅有5bit/s，很难保障业务的正常运行。

综上可见，以154dB MCL为站间距规划目标是最合适的，比GSM网络传统规划目标优势更明显。

（4）站点勘察

① 站点天面勘查。在站点建设之前，采集以下站点天面信息，作为后续天面改造主要参考信息：天面安装位置、是否可新增天线抱杆、是否可在原天线抱杆基础上增加天线、现网天线是否合路、现网天线型号、天线支持频段、天线增益、方位角、下倾角、天线高度等信息。完成工勘后，对天面进行改造，通过新建、使用多频多通道天线替换现网原有GSM、TD-LTE天线，或者采用合路器方式将物联网站点信号合路输入天线。

② 传输资源确认。对于新建站点，则需确认传输资源是否可以增加带宽分配；对于TDD升级站点，如果是单主控板，则需确认传输设备是否有多余的传输端口供蜂窝物联网站点使用，如果是双主控板，则需确认传输资源是否可以增加带宽分配。

③ 现网GSM信息采集。此处采集的信息主要用于评估GSM现网运行状况，以及退频方案的确定，需采集以下信息：

第一，现网2G/3G/4G的工程参数表，即小区级，包括但不限于经纬度、方位角、下倾角、天线高度、天线型号，广播控制信道（BCCH）、业务信道（TCH）频率、载频功率等。

第二，2G的忙时话务量数据，提取2 ~ 4周的忙时话务量（语音话务量和数据等效话务量），做翻频区域的容量评估。

第三，2G的后台配置表，包括小区载频数、独立专用控制信道（SDCCH）信道数、专用物理数据信道（PDCH）信道（即2G网络的数据业务信道）数等，做翻频区域的容量评估；2G的切换统计，提取1周的切换统计报告，做缓冲区（隔离区）的划分。

（5）天面规划　考虑到未来网络发展及业务需求，对于建设区域站点，最佳的天面建设方案为新建4通道天面，具备开通4发射4接收（4T4R）能力或2发射2接收（2T2R）配置；对于某些天面资源紧张，无法新建抱杆或抱杆无法新增天线的站点，需要使用多端口双频、多频天线替换现网原有GSM天线或TD-LTE天线。最差的方式为采用合路器方式将FDD站点信号合路输入天线，原因是合路方式存在损耗，且对FDD站点及现网GSM站点均有较大影响。

根据现网工勘情况，按收发端口划分有2T2R、2T4R和4T4R三种。以下以2T4R为例介绍天面建设方案。

2T2R可以实现与GSM900MHz同覆盖，建议FDD900MHz以2T2R为主，少量需补强场景可酌情使用2T4R。FDD1800用于容量场景时如果可新建抱杆可考虑2T4R。

4接收天线对上行容量增益为12%，但设备改造及工程费用巨大，建议优先使用更高效的2T2R+COMP方式。

4发射天线的大部分增益是依赖手机支持4天线接收的前提下产生的，4发射天线的部署需要根据产业链成熟度决定。

2T2R是目前最现实最经济的主流选择，4接收天线可用于少量覆盖补充场景，4发射天线应依据产业链成熟度决策引入时间。

（6）网管及平台建设　应用平台基本功能的具体规划如下。

① 用户账户管理：主要分用户账户管理、管理员账户管理两种，两种账户所拥有的权限不一样。账户提供注册、登录、密码重置等功能。

② 业务信息管理：物联卡业务状态信息查询，如号码基本信息、开销物联卡账户信息、流量使用情况信息、套餐基本信息等业务状态管理。

③ 账单明细管理：按日、周、月、年资费账单的具体明细进行查询，统计账单的整体情况。

④ 异常状态管理：物联卡的停开机状态管理、异常访问和国际移动台设备标识机卡分离等业务信息告警通知。通知可采取短信、邮件通知。

⑤ 缴费管理：提供用户通过App、Web实时缴费，可通过支付宝、和包、微信、营业厅等渠道进行缴费。

⑥ 实时监测管理：提供Web、App对三大应用平台各类应用状态实时监测，实现用户一键监控，如移动内部应用中的智能管井管控，实时提醒水浸、高温等变化，管道光纤移位管控，位置变动等；智能家居中环境空调管理，实时查看室内温度，远程提前开启空调。

3.NB-IoT链路预算

以密集城区Hata模型为例计算各信道覆盖距离，并与GSM、FDDLTE做对比。在同等环境下，GSM/LTE覆盖半径约0.6 ~ 0.7km，NB-IoT覆盖半径约2.65km，是GSM/LTE的4倍左右，eMTC覆盖半径约2km，是GSM/LTE的3倍左右。NB-IoT覆盖半径比eMTC覆盖半径高约30%，实际覆盖性能有待测试验证。

第四章　无线通信技术在农业中的应用

近年来，随着科学技术的不断进步，现代通信技术日益成为影响农业效益的关键因素。我国作为一个农业大国，加强通信技术在农业生产中的应用十分必要。通信网络在农业信息数据采集、农业风险控制以及农业生产监控等方面发挥着重要作用，将无线通信技术广泛应用于农业生产的各个环节，可有效促进我国农业增产、农民增收。本章论述农业物联网技术体系及其发展应用、农业田间智能灌溉系统无线自组网、基于ZigBee技术的智慧农业大棚系统。

第一节　农业物联网技术体系及其发展应用

一、农业物联网的概念与特征

1.农业物联网的概念

物联网可以将信息进行很好的共享和传递，通过先进的科学技术将物联网的信息进行处理和分析，有利于物联网体系的形成。物联网具有感应信息的能力、将网络和通信相结合的能力以及网络信息化应用的能力。下面主要从广义和狭义两个角度，论述农业物联网的基本概念。

第一，广义的农业物联网。广义的农业物联网，是农业大系统中人、机、物一体化的互联网络。广义上的农业物联网主要是通过传感器的方式来进行信息的采集和录用，不会受到时间、地点和任务的限制，可以实行远程的实施监管，是信息社会中智能农业发展的更高形态。在农业物联网中，存在各类信息感知识别、多类型数据融合、超级计算等核心技术问题。

第二，狭义的农业物联网。狭义的农业物联网，指农业生产相关的物与物连接的一项新技术，主要指：农业物联网既是互联网技术的拓展，又是现代信息技术的创新；同时，依托自动识别与通信新技术，实现物与物的相连。农业物联网中各类传感器感知的信号，主要是种植业、畜牧业、水产业中所涉及的土壤、环境、气象等自然类信息，其处理与管理的数据，主要是农业生产系统内部的自然要素信息。

狭义的农业物联网是从知识和技术方面进行探究，可以观测通过农业生产的各环节来进行检测和管理，使农业物联网获得较好的发展空间。

2.农业物联网的特征

农业物联网通过信息感知、传输和处理，把农业现代技术和现代信息技术集成应用。农业物联网主要具有以下特征。

（1）人、机、物一体化　人、机、物三者相互融合的本质是为农业、农村和农民提供更透明、更智能、更泛在、更安全的一体化服务，实现人、机、物的相互协调与和谐发展。农业物联网把农业生产内部过程中所需的自然、经济等要素，以人机物的形态有机联系起来；把农业生产、经营、管理全过程中所涉及的人、机、物有机联系起来，将传统的人、机双方交互，转型为人、机、物三方交互。其中，人是核心，机是手段，物是对象，三者相互依赖，相互作用，缺一不可。

农业物联网更加注重人、机、物一体化。机作为增强人和物联系的纽带，提高了人感知物、控制物的能力和手段。人、机、物一体化的特点决定发展农业物联网不能只见物不见人或只见人不见物。要使农业物联网健康持续推进，必须综合考虑人、机、物的综合配置与协调，实现人、机、物一体化发展，才能真正发挥农业物联网的作用。

农业物联网不仅将农业系统中的人与物联系在一起，使两者随时随地发生联系，更重要的是，实现以智能决策和全面自动化为目标的数据处理与远程控制。实现农业各子系统互联、互通，仅仅是农业物联网的低级阶段，基于开放农业物联网应用系统的透明化、自动化、智能化、协同化实时管理，才是农业物联网的真正目标。

（2）生命体数字化　农业物联网的作用对象大多是生命体，需要感知和监测生命体信息，从作物生长信息，如水分含量、苗情长势，到动物的生命信息，如生理参数、营养状态等，都与周围环境相互作用，随时随地发生改变。如果要将这些实时变化的数据记录下来，其数据量将是海量的。对农业物联网的应用来说，感知层的各类传感器或传感网络为信息的全面获取提供了手段，传输层的各种类型网络，为信息的可靠传输提供了媒介，而信息获取和传输则是农业物联网的核心环节，为信息智能处理提供了支撑。要掌握农业生命体生长、发育、活动的规律，并在此基础上实现各类环境的智能控制，必须在采集大量实时数据的基础上，构建复杂的数学模型或组织模型，进行动态分析与模拟，在大量科学计算的基础上，基于模型再现整个生命体在生命周期中的活动，揭示生命体与周围环境因素之间的相互作用机理，真正发现智能农业生命体的共性及个性特征，并将之用于农业环境的控制和改善，达到提高农业生产效率的目的。

（3）应用体系社会化　在农业物联网的应用过程中，必须充分考虑其社会化特征，充分考虑技术层面之外的问题。在开展物联网工作时，必须完善相应的标准体系、应用体系、治理结构、法律法规、配套政策，及时采取有关措施，才能在改善、优化、推动社会层面问题的解决上发挥作用。物联网所构造的人、机、物世界，包括信息空间、客观世界和人类社会，它们相互作用融合为一个动态的、开放的网络社会。农业物联网面对的是纷繁复杂、变化万千的客观世界，与作用对象所在的环境紧密关联，决定了农业物联网大规模和复杂的特性。

农业物联网应用体系的混杂性、环境变化的多样性以及控制任务的不确定性，决定农业物联网需要社会化分工与协同。农业系统是一个复杂系统，具有要素和环境的复杂性、风险的不确定性等特性。农业问题涉及食物安全问题、农产品消费问题、城乡协同发展问题、农民生活问题等，“与其他领域相比，农业物联网更加基础，也更贴近生活、环境和大众健康。”在用物联网技术感知农业、管理农业、服务农业、提升农业的过程中，将会不可避免地涉及社会层面问题，甚至社会问题对物联网的影响会远远大于技术本身的应用。

（4）发展理念“三全化” 农业系统是一个包含自然、社会、经济和人类活动的复杂大系统，农业物联网必须遵循全要素、全过程和全系统的“三全”化发展理念，才能保证其发展的科学性和有效性。

①“全要素”。“全要素”指包含农业生产资料、劳动力、农业技术和管理等全部要素，如水、种、肥药、光、温、湿等环境与本体要素；劳动力、生产工具、能源动力、运输等要素；农业销售、农产品物流、成本控制等要素。

②“全系统”。“全系统”指农业大系统正常运转所涉及的自然、社会、生产、人力资源等全部系统，如生产、经营、市场、电子政务、溯源防伪、决策会商等环节的系统。

③“全过程”。“全过程”指覆盖农业产前、产中、产后的全部过程，如农业生产、加工、仓储、物流、交易、消费等产业链条的各环节及监管、政策制定与执行、治理与激励等多个流程。

二、农业物联网的技术体系

1.农业物联网的信息感知技术

农业信息感知是农业物联网的源头环节，是农业物联网系统运行正常的前提和保障，是农业物联网工程实施的基础和支撑。

（1）农业土壤信息传感技术 植物通过根系吸收土壤中的水分和其他各类元素，维持自身生长，在很大程度上，土壤状况决定了植物的生长状况。为了促使作物茁壮生长，人们往往对土壤进行灌溉和施肥，以保证土壤中的水分含量和肥力。传统的灌溉和施肥方式往往是粗放型的，不仅会造成肥料和水资源的严重浪费，还会导致水体富营养化和植物生长的环境恶化。

在现代农业的理念中，按需灌溉和施肥是十分重要的影响因素，即灌溉量和施肥量应该依据土壤本身的需求进行确定。要实现这一目标，首先需要精确检测出土壤的相关特征信息。一般情况下，土壤信息包括含水量，氮、磷、钾和有机质含量，电导率及酸碱度等。传统的实验室检测方法，可以较为精确地对上述土壤信息进行检测，但成本高、周期长、实时性差。因此，很多国内外学者一直致力于研究具有可行性土壤信息检测方法，并且已经取得长足进展。

① 土壤特征指标传感技术。土壤特征指标主要包括含水量、酸碱度（pH）、电导率等，其中含水量是非常重要，也相对较容易测量的一个指标。因此，初期研究主要是土壤含水量的快速测量，且成果也十分显著。

第一，土壤含水量测试。当前，国内外常用的土壤含水量标准测量方法如下：

a.烘干称重法。首先将获取的湿土壤样本进行称重，然后置于烘箱中，在温度105 ~ 110℃下烘干6 ~ 8h，得到已达恒重的干土，烘干前后土壤的质量差与烘干后土壤的质量的比值，即为样本土壤的含水量。虽然该方法所得的结果精确且不需要昂贵设备，但依赖人力和时间成本，缺乏实时性并且对土壤本身具有破坏性。因此，这种方法无法适应现代农业的需求。

b.介电常数法。介电常数法是一种能够快速测量土壤含水量的方法。该方法通过测量土壤中的电学特性，如电阻、电容、介电常数等指标，间接反映土壤当前的实时含水量。相对于固体颗粒空气，水的介电常数在土壤中具有主导地位。因此，土壤含水量与介电常数之间存在一定的非线性函数关系。另外，介电常数又与地磁波沿波导棒的传播时间相关，故而可以通过测定土壤中高频电磁脉冲沿波导棒的传播速度，间接测量出土壤的含水量。

c.时域反射法。时域反射法是目前测量土壤含水量最具有代表性且应用最广的方法。高频电磁脉冲在土壤中的传播速度，取决于土壤的介电特性，而在50MHz至10GHz频率内，矿物质、空气和水的介电常数为常数且水的介电常数要远远大于空气和矿物质的介电常数。所以，高频电磁波在土壤中传播的速度取决于土壤中的含水量。

TDR土壤水含量传感器，是将探针插入土壤中，由波导棒的始端发射高频的电磁脉冲信号传向终端，并在终端附近产生电磁场。由于此时终端处于开路状态，脉冲信号又会因为反射再次沿波导棒传回始端。检测脉冲从发生到反射回来的时间，得到土壤含水量TDR的测量范围，可达0% ~ 100%，且测量方便快速，但其传感器主要依靠进口，价格昂贵。

第二，土壤酸碱度测试。土壤酸碱度（土壤的pH）对作物的生长也起到十分重要的作用。对大部分作物来说，过酸或者过碱的土壤都会使作物无法生长，因此，土壤酸碱度，即土壤的pH是土壤特征信息的一个重要指标。土壤酸碱度主要包括酸性强度（活性酸度）和酸度数量（潜性酸度）两个方面。电位法和比色法曾经是检测土壤酸碱度的两种主要方法。随着科技的进步，已经基本被淘汰，电位法的原理来自pH计的玻璃电极内外溶液H活度不同而造成的电位差，可用于测试土壤悬浊液的pH。比色法则是将专用的土壤混合指示剂滴入待测的土壤样品中，使之完全浸润，充分反应之后再将颜色与标准比色卡的颜色作对比，得出酸碱度。与之相比，电位法有准确、便利、快速等优点。

第三，土壤电导率测试。土壤电导率是一个非常重要的土壤特征参数。土壤中的各种盐类会使土壤溶液产生电导性，而土壤电导率是表征这种电导性强弱的指标。所以，土壤电导率的根本作用是为了测定土壤中水溶性盐的含量，而土壤中水溶性盐的含量，直接影响土壤中盐类离子含量对作物生长的判断。

② 土壤养分传感技术。氮（N）、磷（P）、钾（K）是植物生长最重要的三种营养元素，其含量直接影响作物的健康生长。三种元素完全来自土壤，对它们的检测是非常有必要的。目前，土壤氮磷钾养分测试，主要采用常规的土壤测试方法，具体涉及田间采样、样本前处理和浸提溶液检测三个部分，也可以采用光谱检测法、电化学检测法等对田间的原始土壤（或作物）进行分析，从而获取土壤养分信息。

第一，光谱检测法。光谱检测法是对土壤浸提溶液的透射光或反射光进行光谱分析，从而获得溶液中待测离子的浓度。检测机理比较成熟，主要有两种方法：比色法和分光光度法。

比色法是一种定量光谱分析方法，具有仪器设计简单、成本低等优点，也存在重复性、精度和应用范围方面的问题，但在今后的一段时期内仍是土壤养分现场快速检测的重要手段。

分光光度法主要是通过对光学相关定义来进行土壤养分的分析，通过光的反射可以将土壤中的溶液颜色进行更好的观察。光反射出来的颜色会更加强烈，较长的波在空气中和气体发生反应，对照光谱图进行专业的光色分析，就可以清楚地了解到土壤中的养分构成。分光光度法灵敏度较高，检测下限可达10^{-6} ~ 10^{-5}mol/L，采用催化或胶束增溶分光光度法，检测下限可达10^{-9}mol/L。由于硝态氮在紫外区具有较强的特征吸收，可以在200nm波长和220nm波长处进行紫外分光光度法测定NO_3^-。

比色法采用钨灯光源和滤光片，只能得到可见光谱区内一定波长范围的复合光，而分光光度法采用单色光源。因此，分光光度法在精度、灵敏度和应用范围上，比比色法具有优势，但是其成本较高，在一定程度上限制了其应用于低成本的便携式快速检测仪器的研究开发。

第二，电化学检测法。电化学检测方法是在不同的测试条件下，研究电化学传感器（电极）的电量变化（如电势、电流和电导等）测定化学组分。通常采用两种方法：a.基于热力学性质的检测方法，主要根据能斯特方程和法拉第定律等热力学规律研究电极的热力学参数；b.基于动力学性质的检测方法。通过对电极电势和极化电流的控制和测量，研究电极过程的动力学参数。

电化学传感器主要由换能器和离子选择膜组成，通过换能器将化学响应转换为电信号，利用离子选择膜分离待测离子与干扰离子，主要应用在生物分析、药品分析、工业分析、环境监测以及有机物分析等领域，在土壤测试领域应用较多。目前，已应用于土壤测试的电化学传感器有离子选择性电极和离子敏场效应管。

③ 土壤污染指标传感技术。土壤是人类生态环境的重要组成部分和赖以生存的主要自然资源。然而，人类发展所带来的工业废弃物和农用化学物质的加剧排放，导致土壤重金属污染日益严重。土壤中的重金属污染物移动性差且会长期残留，还不能被微生物降解。如果经水、植物等介质传播，会对人类造成危害。因此，土壤中重金属污染的检

测是土壤污染检测的重中之重。

在快速检测土壤重金属污染的方法中，目前比较成熟的是X射线荧光光谱技术。研究人员利用Niton XL3t600型便携式X射线荧光光谱仪，对土壤中的主要重金属污染物Cu、Zn、Pb、Cr和As进行检测。实验室检测结果的准确率在96%以上，取得一定成果。但是，在田间实际应用时，检测准确率则较低，表明田间复杂的不稳定环境，对X射线荧光光谱仪的测量结果影响很大。

光谱技术具有快速、实时、无损检测等优点，但是普通的光谱无法检测金属元素，所以一直难以应用于土壤重金属污染的研究。近年来，激光诱导击穿光谱（LIBS）技术的出现，改变了这种情况，表现出对于土壤重金属污染检测的巨大潜力。LIBS是一种具有前景的新兴分析和测量技术，其在金属元素检测方面的优异表现，弥补了一般光谱技术在金属元素检测上的空缺。此外，LIBS技术还能够同时分析多种元素，实现真正的非接触条件下快速检测，且不会对检测对象造成污染，检测对象可以是固体、液体或者气体，具备可连续进行检测、快速分析等优点。

LIBS的工作原理是采用高能激光脉冲击中测试样品表面后形成的高强度激光光斑（等离子体），将样品中的金属元素激发至高能态，然后接收它们恢复到基态时所返回的特征光谱。通过与标准光谱库进行比较，得出样品所含元素和各元素的含量。

（2）农业动植物生理信息传感技术　在进行农业物联网的发展过程中，主要是通过动植物传感器的方式来对农业的生产模式进行监测和管理。例如，农作物及畜禽、水产动物的生长健康状况，直接影响农产品的产量和品质，因此，掌握农业动植物生理信息和生长状况，对监测农情、预防病虫害和重大动植物疫情疫病具有极其重要的作用。

农业动植物生理信息传感器，是将农业中动物和植物的生理信息转换为易于检测和处理的量的设备和仪器，是物联网唯一获取动植物生理信息的途径。通过对植物生理信息的检测，可以更好地估计植物当前的水分、营养等生理状况，从而指导灌溉、施肥等农业生产活动。通过对动物生理信息的检测，可以更好地把握动物的生理状况，以便更好地指导动物养殖和管理。通过物联网，农业中的作物和动物，甚至生产和生长环境及过程将被感知，通过感知系统，作物生产管理将更加精准，动物养殖将更加健康，人们的饮食将更加安全，农业将更加可控，食物数量安全和质量安全将更加有保证。

① 动物生理传感器。动物和人体的身体构建存在着一定的差异性，动物相较于人体有更加敏感的感应能力。因此，可以利用动物的身体感应能力，来进行物联网的相关实验。动物在应对外来的刺激时，心跳和体温都会发生变化，将这些信息进行记录和实践。经过多次反复的实践，就可以使结果更加接近于真实的数值。将得到的数据进行深入探究和分析，就可以得到有利于物联网发展的信息和数据。

② 植物生理传感器。智能农业的核心是利用先进的测量手段，获取植物内外部信息，从而进行指导灌溉、施肥等过程。植物生理信息指植物内部固有的特性信息，而植物外部具有的特性信息，则称为植物生态信息。植物本身所固有的生理参数是以形态学参数

为主，如茎秆直径、植株高度、叶片厚度等信息。通过相关参数可以对植物的水分、营养等信息进行估测，从而更好地评估植物现状。

利用植物生理参数信息，可以更加精准地判断和评价植物的长势和各项经济指标，为后期的灌溉、施肥提供准确指导。不同种类的植物所需要的生长环境是不同的，与空气进行的反应也都大不相同。通过对植物特征的研究，可以建立起到植物与智能农业之间的关联性。

（3）农业气象信息传感技术　在当今社会，经济快速发展，越来越先进的科学技术开始参与到人们的生产生活中。针对农业发展，也将具有先进性的气象感应技术引进到农业生产工作中。为了使农作物得到较好的生长，需要针对气象来对土壤的湿度、养分进行探究。运用信息技术来使农业的气象问题得到有效控制，通过专业的气象知识和相关化学知识的了解，可以使农业气象信息的感应技术得到更好的应用。通过对气象的观测，来进行农作物的培育，会使农作物的品质得到较好的提升。

在农业领域做气象观测，可以从两个方面来进行：首先，通过最简单、原始的方式对农业的发展进行观察；其次，通过先进的感应技术来进行农业气象问题的感受。一般来讲，前者的观察方法需要工作人员进行现场的侦察，这就需要有固定的现场侦查基地，通过人工的方式来进行观测。但是这种方式会大量消耗人的体能和土地利用率，因此，当今时代更适合后者的观测方式，即主要是运用先进的科学技术和完善的信息收集系统，将得到的数据和信息进行有效整合和分析，最后得到适合农业发展的气象条件。

（4）农业遥感技术　广义的遥感，也就是遥远感知，通常是指应用传感器在不直接接触被测物的情况下，获取并收集目标物体的电磁波、电场、磁场和地震波等信息，处理解析后完成物体属性及其分布等特征定性、定量分析的技术。狭义的遥感技术，特指空中对地面物体的遥感，即在一定高度（如低空飞机、高塔卫视等），收集对地面目标的电磁波信息，对地球的资源与环境进行探测和监测的综合性技术。

农业遥感技术，简称农业遥感，是将遥感技术与农业类各学科及其技术相结合，是服务农业发展的一门综合性技术。农业遥感作为遥感中的一种，指利用遥感技术进行农业病虫害监测、资源调查、农作物产量估算、土地利用现状分析等农业应用的综合技术，将多尺度、多时相、多技术手段的遥感图像应用于耕地资源调查、农作物估产、森林的木材储蓄量检测、农林灾情（水、火、旱、病虫等）监测、作物长势监测、精确农业中的作物营养亏缺信息获取和农林区划分等农业生产过程的各个方面。

① 农业遥感系统的组成。

第一，信息来源。信息来源，也就是遥感监测的目标物，一切事物（除了绝对黑体）都会产生电磁波的反射、吸收、透射及辐射等现象。作物具有自身特性的电磁波，通过对信息源辐射电磁波的监测与分析，得出作物的生长相关信息是农业遥感探测的依据所在。

第二，信息的获取过程。借助特定设备收集、记录目标物反射或者辐射的电磁波特性过程，信息获取的装备主要包括传感器和遥感平台。传感器是一种器件，通过某种媒介，“感受”信息源的反射或辐射信息，并将这种信息以一定方式表达出来。传感器的样式多种多样，最常见的是摄像机，采用胶片或磁带记录信息，最后呈现出目标物的图像。另外，其他常用的传感器有航空摄像机、全景摄影机、多光滞摄影机、多光谱扫描仪、专题制图仪、反束光导摄像管等。遥感平台是用于搭载传感器的运载工具，常用的有地面遥感车、气球、无人机、飞机和人造卫星。

第三，信息的传输与记录。将收集的数据记录在存储设备（通常是数字磁介质或胶片）中，遥感常用的胶片，由人或回收舱送至地面回收，或是使用硬盘等数字磁介质，并通过卫星上的微波天线，传送到地面的卫星接收站，经过一定处理后，再提供给用户。

第四，信息的处理与应用。对遥感数据进行校正、分析和解译处理的技术过程，需要从海量的、复杂的数据中，包括含有大量噪声的数据中提取出人们感兴趣的部分，通常包括遥感信息的恢复、辐射及卫星姿态的校正、变换分析和解译处理等步骤。

第五，信息的应用。信息的应用是农业遥感信息获取的主要目的，是为了达到不同的目标，运用遥感信息的过程。最常见的应用，如在地理信息系统中结合使用遥感数据，基于遥感数据得到某区域的地物属性细节，在应用过程中，通常需要大量的信息处理和分析，如不同遥感信息的融合，以及遥感与非遥感信息的复合等。

② 农业遥感系统的应用。

第一，提取植被信息。根据植被的反射光谱特征，采用红光、近红外波段的反射率和其他因子及其组合得到各种植被指数，在区域和全球尺度上从高空监测，提取植被指数，表征植被信息，其中与植被分布密度呈线性相关的归一化植被指数，是一种被应用得最广的植被指数，主要用于植被、植物物候研究等，是植物生长状态及植被空间分布密度的最佳指示因子。另外，应用较广的还有土壤调节植被指数、垂直植被指数。

第二，作物长势遥感监测。作物长势指农作物的生长发育状况及其变化态势。作物生长早期的长势，主要反映作物的苗情好坏；生长发育中后期的长势，则主要反映作物植株发育形势及其在产量丰富方面的指定性特征。对农作物长势的动态监测，是农情遥感监测与估产的核心部分，包括实时监测和过程监测。通过长势监测，可以及时了解农作物的生长状况、土壤肥力及植物营养状况，便于采取各种管理措施，从而保证农作物的正常生长；及时掌握各种极端天气现象对农作物生长的影响，并及时处理、预防，对于我国自然灾害频发的现状具有重大意义。

农作物长势监测也是农作物品质监测的基础。农作物长势遥感监测，包括实时农作物长势遥感监测、农作物全生长过程监测与分析、农作物长势监测综合分析。实时农作物长势监测，反映长势的空间差异性。农作物全生长过程监测，从作物生长发育的全过程，描述作物的生长态势，全面反映农作物长势在不同时间的变化，可以及时反映对农作物潜在的胁迫与危害。

第三，作物产量估算。利用遥感进行作物产量估算，主要有两种途径：一种是直接进行总产量估算；另一种是通过卫星图像估算种植面积，再建立单产模型进而计算总产量。两种途径都是在作物生长发育关键期内，建立某种植被指数与产量实测或统计数据的相关方程，也有研究利用地面实测光谱数据，从作物冠层对光谱的反射特征出发，通过叶面积系数进行遥感估产。

第四，作物病虫害监测。作物的健康生长过程往往会受到作物病虫害的严重影响，进而对农业生产产生巨大影响。利用遥感技术，可以尽早发现农业病虫害，提前采取对应措施，减少农业损失。

作物病虫害遥感监测的基本原理包括：从叶片层面考虑，当叶片受病害或虫害侵袭时，会导致相应叶片细胞色素、水分、氮素含量、结构及外部形状发生一定变化，光谱反射对于这些变化有一定响应。因此，光谱技术成为监测作物生长的有效工具。从作物冠层层面考虑，病虫害会引起作物叶面积指数、生物量覆盖度的变化。因此，遥感技术成为用于大面积病虫害监测的有力方法。

2.农业物联网的信息传输技术

信息传输技术主要包括光纤通信、数字微波通信、卫星通信及移动通信。光纤是以光波为载频，特点是频带宽、损耗低、中继距离长，具有抗电磁干扰能力、线径细、重量轻、耐腐蚀，不怕高温。农业信息传输技术主要指将农业信息从发送端传递到接收端，并完成接收的技术。农业信息传输层是衔接农业物联网传感层和应用层的关键环节，主要作用是利用现有的各种通信网络，实现底层传感器收集到的农业信息的传输。

（1）农业信息传输技术内容　农业信息传输方式按照传输介质，可以分为有线通信和无线通信。在过去一段时间内，有线通信以其稳定和技术简单的特点，占据农业生产的主要地位，随着技术的发展，无线通信的种种发展瓶颈被突破，以其灵活和成本低廉的优点，在农业生产中逐步确立重要地位。有线传输适合于测量点位置固定、长期连续监测的场合。虽然有线传输速率明显高于无线传输速率，但是有线传输方式接入点形式单一，仅可以与固定终端设备及控制端服务器相连，控制过程呆板。有线施工难度高，埋设电缆需挖坑铺管，布线时需要穿过线排，还有穿墙过壁及许多不明因素（如停电、水）等问题，使施工难度大大增加，而无线通信技术的不断发展，将为农业信息的传输引入容量更大、要求更高、更安全的无线信息传输方法。

（2）农业信息传输技术体系　农业信息传输系统是一个复杂的系统，其中包括信息采集中短距离信息传输、信息采集后长距离信息传输和信息接收后信息传播部分，大多数传感器网络应用程序都是隔离的应用程序系统，它们之间没有任何关联或交互。从实现上来讲，信息采集中短距离信息传输部分，主要是现场监控及通信模块，信息采集后长距离信息传输部分，主要指GPRS/GSM网络及有线网络组成的通信网。信息接收后信息传播部分主要是远程信息服务模块，该系统将实现农业信息参数的自动信息采集、无线数据传输，使人们随时随地精确获取农业参数信息，如农田大气温度、大气湿度、土壤温度、土壤湿度等，具有功耗低、成本低廉、扩展灵活等优点。

国外十分重视对信息农业相关技术的发展，日本农业综合研究中心成功开发实时监测和无线收集及控制现场环境条件和作物生长状况的集成传感/网络、计算机技术于一体的现场监控服务器，作为部件安装到温室、大田、动植物工厂等，构建智能超分散监测与控制系统，基本实现作物、环境、土壤等信息的数字化和可视化，并通过无线网络进行传输，实现远程监控与管理。

现场监控服务部分，主要由传感器模块、通信模块、电源模块及辅助模块组成。传感器模块利用嵌入网络式芯片，获取不同的传感器数据，如温度、湿度、光照、地温、土壤水分等土壤和环境参数，为植物生产的精准管理提供数据支持；通信模块由无线设备和集线器组成；电源模块保证系统野外架设时的正常运行。远程信息服务部分用于远程数据的获取和存储，是整个信息系统的通信核心，主要功能是收集农业的位置及土壤、小环境等信息，经过分析和整理，通过通信系统发布，以供用户查询。它主要由主控子系统、GSM/GPRS通信子系统、信息处理子系统和网上查询子系统等四部分组成。

3.农业物联网的信息处理技术

（1）农业物联网信息处理的技术分类

① 数据存储技术。在农业生产、经营、管理活动中会产生大量数据，这些数据不仅对当时的农业生产活动具有指导作用，对后期的农作物生产也具有参考价值。物联网的应用，使农业进入大数据时代，若海量的信息不合理、有序地保存，将导致数据丢失或无法发挥效用。在对数据进行处理的过程中，数据管理工作至关重要，包括数据的收集、存储、分类、检索、传输等环节。其中，数据存储技术是对结构比较复杂的大数据量数据进行管理的专门技术。

第一，数据库存储技术。数据库是按照数据结构组织、存储和管理数据的仓库，是计算机数据处理与信息管理系统的一个核心技术。

第二，建设农业数据库。农业数据库是一种有组织的动态存储、管理、重复利用、分析预测一系列有密切联系的农业方面的数据集合（数据库）的计算机系统。农业数据库建设是农业信息技术工作的基础、核心和重要组成部分。农业信息量大、涉及面广，而且数据来源分散，目前国际上最普遍、最实用的方法是将各种农业信息加工成数据库，并建立农业数据库系统。农业数据库建设能够为农业生产、管理、经营、农业科研等提供信息服务。

② 数据搜索技术。随着互联网技术的发展，农业信息资源越来越丰富，不仅数量庞大，而且类型较多。我国农业信息以数据库、科研网站、政府网页等形式分散存储。农业信息化虽取得长足发展，但是信息化建设还存在很多问题，如数据信息利用不充分，

大量的数据仅以物理状态被简单地存储等。农业信息资源的合理、有效利用，将为我国农业发展提供长足的技术支持。数据搜索技术是利用搜索引擎，从互联网上自动搜集信息，对原文档进行整理、处理，供用户查询的一门技术，其主要核心是搜索引擎。

搜索引擎一般是自动收集信息，从少量的网页开始，连接到数据库中其他网页的链接。搜索引擎整理信息的本质在于建立索引，这一过程不仅要保存收集来的信息，还要按照特定规则编排此信息，使用户快速找到保存的信息资料。接收查询指搜索引擎接受用户的查询，并为用户提供相应的返回信息。目前，搜索引擎以网页链接的形式反馈用户结果，用户通过链接，可以找到需要的信息资料。

③ 大数据处理技术。移动互联网、物联网和云计算发展的必然结果是走进大数据时代，虽然目前关于大数据的概念并没有统一定义，但其核心思想和理念是一致的。从本质上看，是获取数据的手段，产生大数据并利用大数据产生出智慧，才是其发展的终极目标。近年来，大数据处理技术已成功应用于金融、电商、通信等领域，农业现代化建设新时期，要对国家农业信息化发展战略进行补充，利用农业大数据，夯实智慧农业基石，让大数据创造出真正的智慧，支撑智慧农业的稳健发展。

农业大数据是把各类农业数据进行采集、汇总、存储和关联分析，从中整合新要素、发掘新资源、发现新知识、创造新价值、培育新动能的一种农业新技术和新业态。这是一场发生在农业领域里的技术革命和产业革命，也是一场要素革命——新知识、新技术代替资本成为经济发展的主导，从而改变资本主导的传统要素格局；是一场资源配置革命——大数据本身就是新资源，同时又以精准量化、动态优化的方式，重构各类资源的配置。

根据我国目前农业信息技术主要应用领域的分析，农业大数据主要应用于以下方面。

第一，农业生产管理数据。农业生产管理数据主要包含生产种植业、设施养殖业（畜禽和水产等）、精准农业等。现代农业信息化的紧迫任务是提高整个生产过程的精准化监测、智能化决策、科学化管理和调控。

第二，基于大数据的气象分析、建模与预测。气象是农业生产中最重要的因素，气象大数据可以对未来一段时间的天气进行分析、预测。气象大数据是通过物联网、计算机记录天气数据，并分析数据，建立当地的天气模型，与当前天气进行比较，再分析天气情况。大数据预测未来的方式，其预测时间长、准确度高，最长可提前40天生成冷热天气概率。在干旱季节，人们可以根据预测结果，提前进行人工干预，大大减少恶劣天气带来的农业损失。

第三，农业预测预警技术。所谓农业预警，指对农业的未来状态进行测度，预报不正确状态的时空范围和危害程度以及提出防范措施，避免或减少农业生产活动中受到的损失，在提升农业活动收益的同时，降低农业活动风险。农业预警是要研究警情的排除，消除已经出现的警情，预防未来可能出现的警情。

农业预测预警是农业信息处理方法中众多的应用领域之一，是在利用传感器等信息采集设备获取农业现场数据的基础上，利用数学和信息学模型，对研究对象未来发展的可能性进行推测和估计，并对不正确的状态进行预报和提出预防措施。预测是以得到的相关信息为依据，通过数学模型等手段，对研究对象的发展进行评估。预警是在预测基础上，结合相关实际情况，给出判断说明，预报错误情况对研究对象造成的影响，从而避免或者降低受到的损失。

农业预测采用气象环境资料、土壤墒情、对象生长、生产条件、农业物资、视频影像等具体资料，通过相关基础理论，采用数学模型对研究对象在未来发展过程中的可能性进行推测和估计，是精确施肥、灌溉、播种、除草、灭虫等农事操作及农业生产计划编制、监督执行情况的科学决策的重要依据，也是改善农业经营管理的有效手段。预警是预测发展的高级阶段，是在预测基础上，结合预先的领域知识，进一步给出判断性说明，以规避因特殊原因引发的危害，进而降低因危害产生的不必要损失，使预测内容更加丰富而广泛。

第四，农业智能控制。自从人类制造工具用于生产生活以来，人类的生产生活是在大自然的控制下进行，完全处于“靠山吃山，靠水吃水”的状态。虽然农业生产技术水平随着科技的进步不断发展，种植和饲养条件不断改善，但是农业生产依然不能脱离对大自然的依赖。我国农业正处于从传统农业向以优质、高效、高产为目的的现代农业转化的新阶段。农业智能控制作为农业生物速生、优质、高产手段，是农业现代化的重要标志之一，受到越来越多的关注。我国目前大多数设施化种养殖环境依赖人工基于经验管理，在一定程度上影响效益和发展。同时，功能强大的微型计算机软件和硬件功能，以其高性能及高可靠性，为设施化种养殖环境控制提供了强有力的手段，也为实现农业设施的自动化、智能化奠定基础。

农业生产环境复杂，影响因素众多，农业生产设施化程度相对较低，不同动植物的生产差异很大，给农业生产过程的自动控制提出很大挑战。与传统控制技术相比，农业物联网的感知功能，极大地提高了农业信息感知能力，其以更全面的网络，提高农业生产过程中远程认知的能力，以更深入的智能化，提高农业系统智能化控制能力。

第五，农业智能决策。农业智能决策的制定，是智能决策支持系统在农业领域的特定应用。技术思想的核心是按需实施、定位、法规或处方农业，目标是为农业生产者、管理者和科学家建立一个精确的农业智能决策技术系统，以提供智能、准确和直观的农业信息服务。农业智能决策结合了人工智能、商业智能、决策支持系统、农业知识管理系统、农业专家系统、农业管理信息系统和其他内容。农业援助决策支持系统可以通过模型库、方法库和专家库的分析和推理，帮助解决复杂的决策问题。通过智能决策，决策支持系统可以充分地应用人类知识，执行多维知识以及数据挖掘和分析，并处理定量和定性问题，是最高级别的信息系统，它的应用增加了信息资源的价值。

数据资源实际上已经成为现代公司和社会的核心资源，用户使用农业智能决策模型获取基于农田的肥力信息，并使用专家智能了解农田的肥力分析和品种、灌溉、饲料混合、产量等，制定灌溉决策并获得细粒度管理的实施计划。因此，正确的农业决策是对农民和基层农业工程师的科学技术水平的提高，对农民进行科学的农业指导，实现高质量、高产、高效率、发展可持续农业，具有重要的实用价值。

第六，农业诊断推理。农业诊断是农业专业人员使用特定的诊断方法，根据显示的特征信息，识别对象、确定对象是否状况良好并做出响应的原因，是寻找和建议改变或预防状况的方法，是根据对象状态得出客观和实际结论的过程。农业诊断的目标是生态系统，该生态系统主要由生活在自然环境中的植物（或动物）组成，包括牲畜和家禽、海洋产品、农作物、果树和其他农产品。除自然环境和人为因素外，植物（动物）还受到周围环境的直接或间接影响。因此，在诊断中，有必要注意环境对植物（动物）本身的影响。

第七，多源农业信息融合与处理。当使用多个或多类农业信息源（或传感器）进行数据处理时，需要将多源信息进行融合，即将多源信息进行综合处理，分析得出更为准确、可靠的结论。多源信息融合又可被称为多源关联、传感器集成、多源合成、多传感器信息融合。近年来，随着农业物联网技术的发展，在农业领域也开始采用多传感器获取农产品在产前、产中、产后等多点的信息，为多源农业信息融合奠定基础。

一方面，算法与模型融合原理：在实际应用中，对象的状态受诸多因素影响，不仅由对象的自身属性所控制，还受到多种外界因素干扰，因此，在实际应用中，对象在空间、时间上的状态都表现得比较复杂。而关于算法融合，有学者基于三维迷向离散小波变换的多光谱和高光谱图像融合算法，通过重采样获得同样尺寸，进行三维迷向离散小波变换，再根据具体数据在3D-IDWT域的数据特征，选择合理有效的融合准则，对源图像小波系数进行合并，最后对融合后的变换域数据进行三维迷向离散小波逆变换，从而获得融合图像。关于模型融合，人们在面对具有较强的不确定性对象时，提出两种解决方案：一是建立复杂系统的参数化模型，二是采用多模型融合方法，利用多模型融合，逼近原系统的动态性能。

另一方面，融合控制技术：融合控制技术指基于多源信息融合的智能控制技术。各传感器将获取的多源信息进行信息融合处理，为一次融合；各种基本控制方法分别对一次融合后的数据进行独立处理，得到各自相应的输出，根据一次融合结果及不同控制目标要求和系统所处状态，将各种控制方法处理得到的输出进行二次融合，最终被控对象会得到优化的决策输出。

（2）农业物联网信息处理的技术框架　现代农业迫切需要农业信息资源的综合开发和利用，而单一的信息技术往往不能满足需求。随着诸如数据库、系统仿真、人工智能、管理信息系统、决策支持系统、计算机网络、遥感、地理信息系统以及农业领域的全球定位系统等单个技术的应用日趋成熟，被人们越来越多地关注。农业物联网上，农业信息处理技术的应用，可以分为三个主要层次：数据层、支持层和应用服务层。

① 数据层。数据层实现数据管理。数据包括基础信息、种养殖信息、种养殖环境信息、模型库、知识库等。由于数据库储存着农业生产要素的大量信息，为农业物联网系统的查询、检索、分析和决策咨询等奠定基础。为了实现农业生产的监控、诊断、评价、预测和计划功能，应该根据信息农业的需要，研究开发农业专家模型，建立模型库，建立图形数据库、属性数据库和专业知识科学和合理的家庭模型库链接，并对所需确定和解决的农业生产与管理问题做出科学合理的决策与实施，以及需要确定和解决的农业生产和管理问题。

② 支持层。农业应用支撑是组织实施信息农业的技术核心体系，一般包括：a农业预测预警系统，实现对农作物生长面、长势及灾害发生的检测，农业灾害监测、预报、分析与评估；b小麦和水稻等主要食用作物和水果等主要经济作物的作物生长监测和产量预报信息系统，树木和棉花的生长监测、农产品产量预报等；c动植物生长发育的模拟系统，对动植物生长环境的模拟等；d农业营销网络系统，包括各种农产品的市场信息以及不同区域之间的余额预测；e农业智能决策等系统。

③ 应用服务层。农业信息处理技术被广泛地应用于大田种植、设施园艺、畜禽养殖和水产养殖等农业领域，涵盖农业产业链的产前、产中、产后的各个方面，为用户提供农业作业的精准优化、自动控制、预测预警、管理与决策、电子商务等服务。

三、农业物联网的发展应用

1.农业物联网的设计发展

当下，农业物联网的设计要点主要集中在两方面：一方面是接入层的设计；另一方面是数据共享平台的设计。由于某些客观原因，农业物联网接入层运行存在一些问题，加快完善系统结构和功能结构是进行接入层设计的重点。

数据共享平台设计，指通过深入分析农业物联网数据共享服务的需求，总结面向服务的架构及其实现方法，提出一种面向服务的农业物联网数据共享架构。就农业物联网的发展模式而言，我国在农业物联网产业发展及商业应用方面的前期研究较少，缺失农业物联网相关行业数据，进一步加大了农业物联网产业发展模式的研究难度，对此可以学习国外经验。

（1）农业物联网接入层设计

① 系统结构设计。在物联网发展较好的大背景下，将物联网的先进技术融入农业领域。这样可以将农业物联网的接入层、最底层的结构复杂性变得简单化，可以方便各项农业业务的更好发展。农业物联网在进行系统结构升级的过程中，可以使物联网的接入层结构变得更加多样化。物联网的系统结构受到软件和硬件的共同作用，硬件设施包括多种输入接口输出接口，相符的输入和输出接口相互结合，可以使用户根据自身的需求获得满足。

在进行信息通信的过程中，主要通过采集到的信息进行整理与分析，再将数据进行深入的分析，最后将所有的数据和信息融合在一起，从而形成新的认知，将这些数据进行多种方式的传递。运用这种方式可以将底部复杂的组织架构得到较好的避免，并且将收集到的数据进行压缩与整理，可以使整个网络结构变得更加简洁，有利于数据的存储与运输。

针对农业这个领域来进行物联网式的管理，主要可以将网络架构分为多个层次，通过延伸架构的伸缩性，产生架构的耦合性，从而使系统架构与网络信息更加丰富多样，也使物联网可以通过各种通信技术以及信息采集技术获得硬件上的保障。内部系统的不断运转与优化，可以使其驱动力量更强，并且感知到更有力的网络驱动能量在对农业物联网进行管理，也是将底部复杂性简单化的方式，使物联网整体架构变得更加简单易懂。通过对底层复杂性网络化的管理与分析，得到了相关的数据以及执行命令；通过添加一系列感知系统的方式，使得底层的驱动能量可以满足农业物联网的发展要求，并将现代的物联网网络进行延展性的发展，为我国的农业领域带来更多的发展机遇，也使农业与互联网可以得到更好的结合，有助于发展现代农业。

将收集来的信息与数据进行采集与分析，可以使物联网的通信方面变得更加可控。并且通过向系统发送指令，可以使物联网形成一定规模的数据库，再将数据库的指令一层一层向下发布，可以使物联网的感知系统以及驱动系统变得更加敏锐，将这些硬件和软件系统的功能进行有效结合，就可以使底层信息收集完全符合上层要求，也会使顶层与底层之间趋同。将收集到的数据进行采样与分析，并将顶层的信息系统进行更好的优化，使其可以有更加先进的思维，来控制对底层及中间层的操作，并将数据进行较好的处理与传递，将顶层中间与底层各阶层之间的网络架构进行整合，可以使整体的网络获得同等信息，有利于整个农业网络信息架构的通畅与完整。通过对物联网的数据分析，可以为农业发展带来实际的影响，为推动农业物联网更好地发展，并且为农业物联网的技术和知识提供理论依据。

农业物联网在进行网络技术系统优化的过程中，需要注重底层建设与顶层要保持统一，并且要想使物联网得到更好的发展，就需要协调好不同层次的网络信息架构，使其可以发挥各自的功效，并将数据进行更好的传递与应用。人员在通过对数据的正确分析以及严谨的总结，得到有利于物联网发展的信息，从而指导物联网技术进行更好地开发。将各类信息输入系统与信息输出系统进行整合，找到与农业物联网适合发展的配置文件，再将文件进行读取，使设备与硬架之间可以形成连接，并将所需要的信息及数据主动进行采集。对于收集到的数据按照方程式来进行处理，最后可以形成一个完善的数据库。数据库中的信息会对当今物联网式的农业发展带来巨大的帮助，并且会促进物联网技术得到更好的开发与利用。

② 中间件详细功能设计。在对硬件的中间件进行功能设计时，应当注重网络环境与感知环境对于数据采集的影响。

第一，对网络环境进行设计时，应当注重网络的通畅性和平稳性，保证上层对下层发送指令达到时效快、精准度高。还要将信息通信的输入与输出接口进行较好的设计布置，避免重复在线或导致无法正常运行数据。

第二，感知系统的设计，要设计良好的感知系统，才会使数据采集信息更加简单，获取的数据更具有针对性。针对农业物联网的数据采集工作，人员需要先构建企业完善的网络架构。在对网络架构进行构建过程中，应当注重通信信息的快捷性以及数据的完整性、准确性。通过对通信输入与输出的接口连接属性的检查，保障了数据在网络架构中可以进行更好的运转。通过设置感知系统，使与其配置的文件得到更好的应用，使文件类的数据通过输入的方式，获得与之相对应的配置信息。针对想要得到产品的相关详细信息，能进行更好的采集，通过云计算等方式将得到的信息进行更好的处理，最后使得配置软件与网络结构完全一样，所有配置信息都可以使用上位机程序或者远程服务平台设定。

（2）农业物联网数据共享平台设计

① 数据共享平台面向服务的架构。在当今的互联网时代，数据共享已经成为当代发展的特征。因此，要想使物联网农业得到更好的发展，就应当合理应用数据共享平台所带来的便捷式服务，通过对服务架构的分析，得到适合农业物联网发展的数据。在当今时代面对服务架构，可以感受到以往历史遗留的软件，对于当今的数据处理有着很大的差异性。随着人们需求的不断增多，市场对于服务系统架构也提出了更高的要求。因此，不得不将原有的架构进行更新与改造，使其软件可以与硬件相匹配，并在当今时代获得更好的应用与发展，使软件的可操作性达到延伸的效果，将资源与数据共享的工作做得更好。为了使农业物联网得到更好的数据共享，应当将网络业务系统中的各项信息进行分解。经过缜密的分析后，再进行整合与优化，使数据共享可以真正地为农业互联网发展提供便捷与帮助。

这种面向社会面向人们的服务架构，需要对服务对象有较好的了解，并对自己内部的软件构成不断优化与升级，才可以使各项数据的处理器适应当今时代的发展。通过中间件的方式，将内部系统与外部消息更好地连接，从而使服务平台的数据更具有实用性，并解决实际问题。

要想使信息系统之间的数据可以进行交互与共享，就应当有一套完整的体系，来将不同区域之间的数据进行有效的整合。通过优化技术的方式，将数据分享平台的硬件与软件进行升级，使所得到的数据与已有数据之间的匹配度达到更高。并将储备的数据可以通过自动筛选的方式进行应用，只有数据的实时性得到了保障，才可以使所应用的数据与所要发展的模式有共同性，并且为未来发展奠定一定的基础。

② 面向服务的农业物联网数据共享平台设计。

第一，系统架构设计。物联网在带给企业便捷与高效益的同时，也存在一定的安全问题，因此在物联网进行农产品制作与销售的过程中，应当注重质量安全问题。通过各项数据的收集与分析，使得农产品的安全可以得到保障，将食物质量安全与农产品生产期间建立起有效的服务架构，并且通过对生产环节以及制造环节的严格把控，使农产品系统的架构可以得到更好的优化。只有保障了食品安全，才可以使农业物联网得到更好的发展。在对农业物联网系统架构进行设计的过程中，应当注重数据共享与提高服务的重要性，只有想着两方面的问题得到更好的解决，才会使系统架构更完善，并为用户带来更好的使用体验。

第二，系统业务流程设计。在物联网整个系统中，业务流程的设计也是非常重要的。这一部分的主要工作是将信息与数据进行更好的输入与输出，并且通过构建物业模型的方式，使服务对象与服务平台之间有良好的沟通交流，这有利于提高物联网的服务质量，为用户带来更好的服务体验，因此应当注重系统架构中业务流程这一方面的设计能保障较高的服务，为用户带来较好的体验。

2.农业物联网的产业发展

（1）农业物联网产业发展模式　农业物联网产业，指直接进行农业物联网关键技术及产品研发、设备制造与应用服务的产业体系，农业物联网的发展不仅是对农业这一领域的发展，更是对科学技术领域的发展。通过不断探索与应用，可以使物联网的各项系统得到优化与升级。将通信环境与网络环境设计得更好，为农业发展带来新的增长点。通过运用高科技的动物感觉系统与植物传感器的方式，使农业发展变得更具有科学性与现代性，结合人工智能的相关技术，可以实现农业现代化发展，也有助于农业的科研教育、技术开发工作的进一步研究，对于农业物联网这一产业的未来发展起着积极的推动作用。

由于农业物联网与物联网唯一的区别在于应用环境与应用对象的不同，其他并无本质的不同，因此，参考国内物联网相关研究情况，探讨农业物联网的产业发展模式，通过文献分析和产业调研可加以佐证。从目前我国的发展现状来看，在政策扶持的大环境下，农业物联网产业仍可根据主要推动力量的不同，分为以下发展模式。

① 农业物联网产业政府主导模式。目前新兴市场的市场需求不明确、市场制度和配套设施不完善、产业链不完整、对应产业模式有待开发，在这种情况下采用由政府主导的产业发展模式较为适宜。尤其是农业具有弱质性与外部性，只有将物联网技术引入农业生产、经营、管理和服务中，才能改变中国现有的农业生产管理方式，并提升农业生产效率和有效保障农产品安全。因此也都需要在政府支持和主导下进行。政府可以制定相关的产业政策，引导社会资本流入、整合完善产业链，并通过增加对物联网相关服务的消费，促进物联网产业发展。此处将这种发展模式定义为政府主导模式，并从园区建设、公共服务、科研投入三种途径入手，对该模式进行详细阐述。

第一，园区建设。在中国，物联网产业发展表现出更明显的政府主导策略，园区建设成为这种模式落实物联网产业发展的重要途径。自国家提出推进“物联网研发应用”要求以来，各地物联网园区在本地物联网产业发展规划的指导下纷纷涌现。例如，北京、上海创建射频识别（RFID）园区，上海还积极扶持张江与嘉定物联网产业园示范工程建设；重庆市以“国家物联网产业示范基地”等国家级物联网产业基地为依托，打造一大批物联网应用示范项目，物联网应用已经走在全国前列；江苏省政府分别推动无锡和昆山，建设无锡传感器园区和物联网配套传感器产业基地，积极引导先进的研究所及龙头企业入驻；湖北省是带动中部经济发展命脉的大省，武汉市更是建立了光谷发展基地；四川省在西南地区经济发展中起到带头作用，其中，成都高新技术开发区作为高端科技研发基地，是物联网产业发展的关键孵化基地。

以昌吉国家农业科技园区为例。昌吉园区经国家科技部批准成立，成为以农业信息化发展为特色的国家一级园区。在建设过程中，昌吉园区完善了农业信息化综合服务平台功能，构建起农作物模式化栽培、标准化养殖等物联网信息库和专家库，实现信息服务平台与田间地头、畜禽圈舍、温室大棚、智能装备、研发中心的互联互通、资源共享，集成整合各企业农场信息平台，构建网络化信息支撑体系。同时，昌吉园区还加大卫星导航自动驾驶等物联网控制技术的推广应用；建设精准农业示范基地，实现精准供种、精准施肥、精准播种、精准灌溉、精准管理和精准收获；开展农用无人机综合应用示范，为新疆地区相关产业的发展，提供了良好的支撑。

第二，公共服务。除园区建设外，各地还纷纷出台规划，从公共服务的角度，提升对物联网产品及技术的需求，培育早期物联网市场。以重庆市物联网的发展为例，重庆市物联网首先从公共服务领域起步。目前，重庆市物联网开始在医疗、公共安全、车辆管理等方面进行应用研究，比如电子病历、网上远程诊断、警务通、车务通、宜居通等项目，市民将享受到物联网带来的便捷生活。此外，国内大多数城市的物联网发展，都与公共服务有关，如成都市物联网发展规划的重要示范工程点，包括智能交通、食品安全、环境监测以及灾害预警等，上海物联网发展规划的重要示范工程点，包括环境监测、智能安防、智能交通、物流管理等，南京物联网发展规划的重要示范工程点，包括智能环保、智能交通、智能灾害防控、智能公共安全、智能电网及能源等公共服务内容。

第三，科研投入。在政府主导模式下，科研投入也是农业物联网建设发展的重要途径。例如，江苏省中科院与无锡市共建中国“物联网研究发展中心”，支撑“感知中国”的发展。以北京市为例，北京市政府在高校优势基础上，加强校企协作、创新联动，通过农业科研投入以及科研成果推广投入的方式，积极发展农业物联网产业。此外，北京市政府还持续给予本市农业物联网产业政策、税收等方面的支持，一定程度上促进了农信通、中农信联、派得伟业等优秀农业物联网企业成长。总体上，政府主导模式在农业物联网产业发展中作用巨大，在一定程度上弥补了农业物联网市场发展初期的需求不明确、配套不完善、产业链不完整、对应产业模式有待开发等缺失。

② 农业物联网产业政企联动模式。除政府主导模式外，在部分农业物联网产业较为发达的地区，或者政府资源有限的城市，还出现了一种政府和企业相互配合，企业走在政府前面，推进农业物联网产业发展的现象。当农业物联网所处阶段较为成熟或者发展速度较为迅猛时，政府和企业相互配合，企业走在政府前面，推进农业物联网产业发展，并在标准和政策两方面着力发展的模式，将其定义为政企联动模式，以下从标准引领和以企业为中心的优惠政策两方面进行阐述：

第一，标准引领。以江苏省无锡市为例。无锡市是我国物联网发展模式实施较早的城市之一，并且通过物联网的方式来进行产业的优化与升级，形成属于自己的一套完善的发展体系。无论是上层的设计理念，还是下层的执行能力，都有非常成熟的技术作为支撑，有较高的技术水平来作为依托，可以将上层与底层之间的联系，经很好的中间件进行链接，使整个物联网产业得到更好的发展。无锡市在进行产业发展的过程中，借鉴了国内外优秀物联网的研究成果，并且不断开拓创新属于自己城市的物联网发展。与我国多家研究所共同进行技术研发与知识研发，不断地找寻自己城市与物联网发展之间的联系，利用自己的优势产业来带动整个物联网的发展，使得物联网发展成为城市发展的重要形式，有助于推动当地经济发展，并带动我国整体物联网发展水平。此外，广东省也成立了无线射频（RFID）标准化技术委员会。这些城市的共同点是标准先行，瞄准顶层设计，全面推进物联网相关标准、产品、技术的产业化工作。

在农业物联网标准方面，环渤海区域的北京和天津对农业物联网标准着力较多。北京方面，以北京农业信息技术研究中心为主要承担主体，制定的物联网国家标准包括：农业物联网应用服务标准、设施农业物联网传感设备基础规范、设施农业物联网调节、控制设备规范、设施农业物联网感知数据传输技术标准、设施农业物联网感知数据描述标准、大田种植物联网数据传输标准、大田种植物联网数据交换标准、大田种植物联网终端设备技术标准等。

第二，以企业为中心。以广东省乐从镇为例，乐从相较于广东省的其他镇并不具有多大企业发展的优势空间，但其自身可以依托便利的交通条件与市场条件来对物联网式的发展不断地进行探索与研究，因此，乐从镇可以从广东省众多的乡镇区中脱颖而出，并获得较好的发展。通过利用优势的方式来使物联网市场更具有活力，并使产业之间的结构更趋于合理化，在进行产业升级部署时，可以更有效率地将资源进行应用，这对于乐从镇或广东省都是很好的一次发展机会。通过对物联网技术的不断探索与实践，为广东省打开了另一扇经济发展大门。

③ 农业物联网产业联盟模式。

第一，政府宏观引导。物联网模式的发展不仅需要依托市场及其科学技术，国家政策也起着相当重要的影响。政府对于物联网发展模式的态度，以及具体部署会对物联网的发展起到非常重要的作用。政府正确政策的引导，可以使物联网获得创新式的发展，也会在产业进行升级与优化过程中有重要的政治保障，会推动物联网产业的发展。国家及政府在对物联网技术进行研究的过程中，应当与其物联网产业相关的联盟产业结合进行，找到适合当地发展物联网产业的模式，并通过提供大量的物质支持与智力支持，使物联网获得更好的发展空间。政府在进行政策制定时，应当构建复合产业联盟模式的运行机制，加快科学技术的研发，聘请专业人士来进行有效管理。针对物联网式的产业发展模式，应当给予鼓励，使更多的企业愿意以这种方式作为自己发展的主要方式，也只有使产业的技术得到创新，才可以加速技术成果转化。

第二，企业市场引导。高等学校和科研机构由于缺乏商业实践经验，信息严重不对称，所以往往会走弯路。企业在市场化方面具有天然优势，能够明确市场需求变化以及自身存在的实际技术问题，提出关键项目并筹措项目资金，联系高等学校和科研机构科研项目，加快企业需求产品转化。以北京智慧农业物联网产业技术创新战略联盟为例。该联盟由北京农业信息技术研究中心（国家农业信息化工程技术研究中心）牵头，联合农业物联网行业内多家具有技术优势的科研机构和高等院校，本着自愿原则组成。在内部合作方面，该联盟一方面形成联盟季度简讯、设计政策瞭望、专家评论、产业聚焦、联盟动态等板块，每季末发送至各成员单位邮箱，作为长效机制运营；另一方面创设联盟官方网站，针对联盟内单位成员的需求和供给技术，定期在线开展调研和直观展示，促进联盟内感知层、传输层和应用层相关单位之间的合作。

（2）农业物联网产业发展创新

① 技术创新趋势。

第一，传感层产业技术创新。农业传感技术将向低成本、自适应、高可靠、微功耗方向发展。动物行为信息传感器、环境信息传感器，具备实时获取农业生产中各个环节信息的技术手段和能力，将是农业传感技术的重点方向。RFID技术将发展为更可靠、更为先进的身份识别技术，基于多种技术的高精度植物生命信息获取设备将是研发的重点项目。

第二，传输层产业技术创新。未来需要解决农业物联网自组织网络和农业物联网感知节点部署等共性问题。因此，传输技术方面将向低能耗、低成本、精准化和可靠性发展；传输网络将具备分布式、多协议兼容、自组织和高通量等功能特征。

第三，应用层产业技术创新。a农业物联网信息融合与优化处理技术将满足实时、准确、自动和智能等要求，经现场采集数据、多类信息融合模型以及多模态数据挖掘与聚类方法，实现多源信息的集成应用与智能处理；b农业物联网集成服务平台将采用新型软硬件协同设计方法，研究基于终端簇/服务群模式的农业物联网集成服务平台，通过物联网集成服务平台，实现农产品动态监测和管理；c农业物联网技术规范方面，将围绕低成本、低能耗、可通、可达、可信等目标，研究农业物联网统一的技术规范。

② 产业链创新趋势。农业物联网应用将是未来农业现代化发展的主要方向。在可预期的农业生产中，应用农用传感器与移动信息装备制造产业、农业信息网络服务产业、农业自动识别技术与设备产业、农业精细作业机具产业和农产品物流产业，通过延伸农业产业链，引领现代农业产业结构升级。总体上，农业物联网产业链的中长期创新有如下方向。

第一，服务内容以信息处理与应用服务为发展重点。与当前技术相比，不同点主要集中在信息感知与收集方面，产业重心将逐步移至数据处理与应用服务方面。整个农业物联网系统将更加精准化、智能化。一方面，随着云计算技术的不断成熟，农业数据处理系统将变得更加精准、安全、智能；另一方面，未来将建立广域分布、异构动态的农业知识资源共享与协同服务环境，实现各类物联网资源的聚合、透明调度、动态管理、任务分配、作业管理等农业知识云服务。

第二，参与主体多元化。当产业处于生命周期的成长阶段时，产业内企业的平均规模水平较低，特别是资本密集型或知识密集型产业，研发投入大、风险高，由于企业缺乏足够的资金支持，研发能力相对薄弱，进行技术开发的意愿少。此时，政府通过提供政策支持、财政补贴、税收等多项优惠措施，帮助产业经济与科技的快速发展。当产业处于生命周期的成熟阶段时，产业内企业的平均规模水平较高，拥有雄厚的资金实力和较强的研发能力，企业充分利用人力、物力、财力等资源，使研发成果更快地产品化、产业化，从而实现盈利。

目前，农业物联网产业整体处于初级阶段，政府发挥主导作用，随着产业成熟，市场环境优化和需求提升，农业物联网将从政府主导走向企业主导，第一批通过农业物联网应用获得回报的企业，将通过协会、联盟等产业组织形式，引导促进其他企业参与农业物联网应用中，从而引导农业物联网的资金投入更加多样化，不仅有政府的财政支持，还有诸如基金投入等多种资金投入方式，使产业链参与主体呈现出多元化的发展态势。

③ 组织创新趋势。组织创新服务于技术创新，围绕产业链管理的逐步推广，我国目前的农业物联网组织创新实践呈现出以下发展趋势。

第一，产业研发联盟创新。产业联盟形式的技术创新路径，可以降低单个企业进行技术创新的风险，企业共同承担研发成本。例如，北京智慧农业物联网产业技术创新战略联盟承担的“农机北斗导航与智能测控北京市工程实验室创新能力建设”项目，开展农机装备北斗定位导航、精准作业控制和农机智能测控物联网等核心技术攻关和试验研究，重点突破基于北斗卫星导航系统的农机作业定位、自动导航关键技术，研制重大农机精准作业装备及核心控制系统，研究开发农机测控与物联网服务关键技术、方法和系统，研究制定农机作业北斗定位与导航测试、农机精准作业控制现场总线和农机物联网技术标准与规范，形成自主可控的现代农机装备精准作业与物联网服务体系，全面提升我国高端农机装备产业核心竞争力。

第二，产业内协同创新。产业内相关企业与政府、科研机构、高等院校进行深入合作，以突破某一项制约产业发展的关键共性技术为目标，通过直接沟通，广泛交流，知识、技术专业技能共享等方式进行技术创新。由于农业具有弱质性与外部性，产业内协同创新的案例非常多。以农业物联网设备制造商研华科技为例。研华科技成立于1983年，是全球智能系统产业的领导厂商，其事业群组织分别专注于工业自动化、嵌入式电脑、智能系统及智能服务四大市场。研华科技主要通过与北京农业信息技术研究中心、中国农业大学信息与电气工程学院、中国农科院农业信息研究所等国内一流农业信息化科研院所与高校进行项目合作、课题研讨，持续优化物联网的采集仪、交换机以及相关服务器，使之适用于农业物联网领域，并在温室大棚、水产以及畜牧业等领域取得优异成绩。

3.农业物联网的实际应用

（1）农产品质量追溯中的应用　物联网技术在农产品质量追溯中的应用，可以从前期阶段、中期阶段和后期阶段三个方面进行探究。前期阶段，要构建农产品安全物联网架构；中期阶段，要应用物联网技术建立农产品安全生产管理系统；后期阶段，要应用物联网技术建立农产品质量追溯系统。三个阶段分别是农产品质量监管的上游、中游和下游，三个阶段是有机统一的整体。

① 前期阶段：建立农产品安全物联网。农业物联网最重要的就是保障农产品的质量安全，因此在建立农业物联网的前期阶段，主要是对农产品质量安全的保障。通过对收集来的数据进行分析，可以为农产品进行物联网式发展提供一定的理论依据。经过严格的筛选留存下来的都是质量合格的农产品，在进入到市场和人们生活中可以保障人们的身体健康，并且也可以保障农产品的质量问题，对于农业物联网发展有着积极的影响作用。

要想在前期阶段建立起农业安全物联网，就需要掌握专业的技术架构，并且针对不同层次的农产品生产进行严格的把关，使各个软件与硬件及其数据来源服务质量等方面都进行比较好的分析，以便形成一套符合农产品发展的系统架构，在系统架构中可以将农产品安全物联网所需要运行的各个环节进行把关。通过互联网大数据分析的方式得到符合产品安全发展的数据，在对农产品进行具体的生产销售。

要想使物联网获得较好发展，就应当把握好生产线上的每一个环节，只有将各个部分的工作做好，才可以保障农产品整体的安全问题。

第一，生产环节。生产环节是农产品的源头，将生产环节的安全质量进行严格的把控，可以使农产品获得较好的质量保障。工作人员需要对农产品生产基地的各项指标进行严格的把控，保障有较好的生产生存环境为农产品提供健康的生长条件。只有保障营养均衡，并符合食品健康安全，才会使生产出来的农产品质量达标，再通过植物传感器的方式，针对农产品的实施现状进行监管，并及时调整。农产品生产中所遇到的问题，应当将收集到的数据和信息进行分析或处理，得到适合农产品发展的技术。

第二，加工环节。农产品在完成生产环节以后要送往加工厂进行二次加工，经过包装后的农产品会具有更高的商用价值。在农产品加工的过程中又会接触到新的技术及其人员，因此应当对这些人员的相关信息以及使用的技术方式进行记录，以便日后出现问题可以及时找到相关工作人员。在对农产品进行记录的过程中，应当为每个农产品包装设计二维码，通过扫描标签，就可以了解到农产品的种类。

第三，存储环节。农产品在完成生产加工之后，需要运往仓库进行存储。在需要进行销售时，再从仓库中取出运往市场，完成销售与消费的环节。在进行大量存储的过程中，应当对存储环境进行较好的控制，并且通过传感器的方式将存储环境的数据进行记录。

第四，运输环节。农产品在需要销售时，应当运往市场，在运往市场的过程中，会有更多生产链条上的人员接触农产品，因此应当对农产品出库、入库以及运输时间的详细内容进行记录，保障运输过程中不会出现包装破损或食物质量安全等问题。相关人员应当及时查看农产品的状态，在发现问题后及时调整。

第五，销售环节。农产品生产出来主要是为了向市场和人们进行销售，以便实现自身的商业价值。因此，农产品在进入销售环节后，是从市场流入的最后一个步骤。应当在农产品包装上印上二维码，消费者则可以利用互联网技术通过扫码进行农产品的买卖交流，这样既可以使他们对农产品的种类有较好的了解，也可使他们在使用或在扫描商品二维码之后，对农产品的各项基本信息以及安全问题有更清楚的了解。

② 中期阶段：建立农产品安全生产管理系统。

第一，农产品的生产加工。农业物联网发展在生产环节有相对应的技术来进行支持。通过互联网技术，可以针对生产环节的各项农产品信息以及生产过程有清楚的了解，通过收集农产品生产的数据与信息制定，提升农产品质量及其人员工作效率的相关部署，可以使农产品的生产过程更加高效、高品质，对农产品的进一步发展起到积极的推动作用。在对农产品进行加工的过程中，应当注重农产品外包装上的标签，通过扫描标签的方式，可以了解到农产品的名称、种类以及生产环节中的各个细节。这些数据应当通过计算机的方式进行存储，以便进入销售环节时可以为购买者提供安全保障。电子标签的方式可以实时记录生产环节中的每一个步骤，方便消费者对于产品的生产过程有更好的了解，也会促进消费者对产品质量安全的信任，有利于生产者与消费者之间形成良好的互动交流关系。因此，物联网技术的实施应用，会对农产品的生产加工起到一定的保障作用。通过建立农产品安全管理系统的方式，提升农业物联网发展，有助于物联网在我国当今时代得到更好的应用与发展。

在生产环节结束以后，农产品即将进入加工环节，在加工环节也有与之相对应的物联网技术来进行智力支持。通过对农产品的电子标签而进行读取之后，可以使信息清楚地呈现出来，因此当农产品进入到加工环节之后，应当将加工有关的各项信息，也存储到电子标签中，以便消费者针对加工环节也有更深的了解。

第二，农产品的仓储销售管理。农产品的仓储销售管理是对农产品从生产加工企业出厂到销售环节的信息进行采集和管理，使农产品的实时生产过程都可以得到监管，也使农产品在生产过程中的资料得到较好的收集。

农产品在进入到仓储环节应用时，物联网信息技术主要是通过扫描电子标签的方式将农产品的生产日期以及生产环境的各项详细信息进行读取记录，并且将存储地区与运输方式及运输地之前的相关信息都进行记录。处于仓储环节这一阶段，主要是进行进货扫描以及出库扫描测量环节，保障货物的记录信息与实时货物进出相符合。

工作人员在进行操作环节货物管理的过程中，应当注重电子标签对于信息的管理。将具体的生产加工存储信息都记录到电子标签中，当农产品进入销售环节，买方与卖方都可以通过扫描标签的方式来了解到农产品。整个生产过程中的详细内容，可以使农产品的安全问题得到保障，并且赢得人们对农产品生产的信任。通过电子标签的方式可以使仓储人员针对农产品库存量的状况有较清楚的了解，以便实时调度产品运输，减少不必要的运输成本。

农产品在进入到销售市场的过程中，也可以通过物联网的相关技术来进行更好的销售，使农产品的安全问题得到保障，并使其自身的商业价值得以提高。通过设立电子标签的方式，可以使销售环节的各项管理软件对于农产品信息数据有更好的处理。供应商与购买商之间通过设立交易平台的方式，使销售情况能够清晰地呈现出来。通过对销售平台数据的分析，可以了解到产品的销售情况，也可以使消费者对自己所购买的农产品有较清晰的了解。消费者通过扫描电子标签的方式，可以了解到商品生产的具体来源以及销售过程中遇到的各项问题。通过扫描电子标签的方式了解一切自己想要了解的产品问题，有利于消费者对于农产品的安全管理有更清晰的认知，并促进农业互联网在我国较好的发展。

③ 后期阶段：建立农产品质量追溯系统。

第一，质量安全监管。在对农产品的生产和销售环节都做出了具体工作的部署之后，就需要针对各项工作的真实情况进行监督和检查，保障食品的安全问题。在对食品安全进行监管时，应当将生产的相关机构和销售的各个环节都进行严格的把关。充分利用互联网的信息便捷性和资源共享性，形成适合企业发展的数据信息库，使人们更愿意接受互联网式的监管模式。并且应当完善物联网的登录系统，使物联网可以实现各个计算机的自由登录，为工作提供便利性。

a.生产监管。针对生产环节的监管主要是对生产链条上的各项工作以及加工包装方面的监督和管理。针对生产和加工环节的各项具体工作都会有实时的监管，并针对食品安全作为自身重要的监管方面之一，不合标准的农作物不准许进入到流通市场中。

b.检疫机构。在对生产环节进行实时监管的过程中，应当注重相关负责人员的各自工作分工，保障出现问题时可以找到相对应的人员来进行职责的确认。在对农产品进行货物检验的过程中，需要注意农产品的外包装是否有泄漏、内部食品是否存在质量问题。通过专业的技术来进行食品安全的检验，使生产环节中的每一个环节都可以有所保障。

c.市场监管。在对农产品进行市场监督管理的过程中，应当注重对于仓储环节和运输环节的监督与管理。将这两部分的信息和数据进行详细的记录，监管部门应当将收集到的数据通过计算机云计算的方式得到有用信息。仓库管理者应当针对仓库中的货物进行较好的清点和保管，并且通过计算机的方式，对于仓库中的货物情况进行严格的监管，可以实时观察到农产品在仓库中的情况以及仓库中的存储环境是否符合农产品的存放要求。通过互联网的方式来进行市场管理，主要是运用互联网信息共享与资源共享的优势，来使市场中的每一个环节变得更加公开透明。市场在进行监督与管理的过程中离不开政府的大力支持，政府应当发挥自己管理者的职能，对食品的质量安全问题制定相关的政策，使其可以呈现出有序性。政府的监管部门应当对不合格的农产品采取筛选去除，并且针对出售不合格产品的商家进行法律制裁，保障人们的身体健康。

第二，质量追溯系统。农产品的质量问题可以追溯到农业物联网的技术系统，互联网先进的技术可以通过电子标签的方式使农产品在生产环节、销售环节以及监管环节都呈现出详细的过程，使商家与消费者都可以针对农产品的质量进行严格的把关，挑选出自己满意的农产品，并进入到市场中进行买卖。通过对农产品技术的不断提升，以及对农产品的感知信息的深入了解，可以使农产品在互联网进行很好的买卖和流通，也可以使农产品的食品安全得到保障。

在对农产品进行平台监管的过程中，主要是通过对农产品生产基地、加工车间的相关信息及其工作人员进行检查。通过农产品的种类来对生产环节、销售环节、仓储环节及运输环节的各项信息和数据进行整合分析，使消费者可以运用平台查询的方式了解到每一种农产品具体的生产、销售环节，获得质量安全的保障。如果发现农产品存在问题可以向平台进行相关问题的反馈，平台得到反馈信息之后，会将问题反映给管理部门，监督管理部门以实地检查的方式来针对出现的问题进行解决，使消费者的权益可以得到保障。在这些检查过程中，最重要的方式就是通过扫描电子标签的方式来使消费者可以对农产品有更深刻的了解，并且针对农产品的质量进行严格的把关，对消费者的权益起到维护作用。

（2）大田种植物联网技术应用　大田种植物联网是物联网技术在产前农田资源管理、产中农情监测和精细农业作业以及产后农机指挥调度等各个方面上的实际应用过程。大田的种植方式可以与互联网之间产生密切的关联关系，通过实时监管系统，来对农业生产和销售的环节进行严格的监管，并针对生产环节中的各个管理模式进行质量的保障，使人们可以获得到健康的农产品。

① 大田种植物联网技术的要点。大田种植这种形式的方法主要是通过互联网的方式，将土地利用率、资源利用率进行有效整合，并且为农作物的种植环境提供更好的物质以利于其在生长的过程中，获得较优越的生长环境，进而使农产品的质量安全得到保障。通过先进的科学技术来对土地利用率的数据和信息进行有效的整合，针对这种新型的种植模式，需要多种先进的技术来进行智力支持，通过对土壤的养分的监管以及土壤中的水分进行严格的把控来对农产品的生产环境实施监管与测试，通过远程控制的方式来对农产品的生产环境进行调整。针对土壤中的成分进行检验，利用先进技术及其专家们的专业分析，使土壤中的养分可以满足农作物的生长，使土壤和肥料之间产生化学反应，帮助优质农产品获得更好的生长。针对农产品生产过程中的病虫要害问题，也有相关的系统进行监测管理以及控制，使整个农产品的生产过程都可以通过网络信息技术进行监管与处理，因而可以极大程度上保证农产品的质量，为人们提供更具有保障性的安全食品。

大田种植一般选择地域较为广阔、人烟稀少的郊区来进行。因为选取较为广阔平坦的地区进行农作物种植，可以节省人力财力和物力。平原地区具有种植效果较好的特征，而人烟稀少，可以减少人为的破坏，并且人为活动较小的地区土壤养分较高，可以为种植农产品提供较好的物质保障。只要网络环境较好，还可以通过互联网的方式进行远程控制。

针对农业领域来进行物联网的运作，所需要的网络环境要求较低，不需要过高的技术水平就可以完成基本的工作。在对农业物联网进行运作的过程中，最需要注重的就是可以通过技术手段完成远距离的控制和监管。因此，就需要科研人员尽快研制出可以远程操纵而且网络要求不那么复杂的一项技术，以便于人员能完成农业物联网的较好运行。

② 大田种植物联网的应用系统。

第一，软件平台的应用。大田种植物联网的软件平台，主要包括电脑管理软件平台、大屏信息显示发布平台和智能手机App远程监测平台。

a.电脑管理软件平台。办公室内安装监视器，实时在线显示农业大田间采集到的数据信息，并以实时曲线的方式显示给用户。工作人员根据农田的具体情况，设置温度、湿度等参数限值。在监测时，如果发现有监测结果超出设定的阈值，系统会自动发出报警提醒工作人员，报警形式包括声光报警、电话报警、短信报警、E-mail报警等。

b.大屏信息显示发布平台。大型LED显示屏主要在农田中心地带显示实时数据与指示设备动作，提升基地项目的整体形象，同时方便管理员的日常数据检查和实时信息参考。

c.智能手机App远程监测平台。用户可以通过手机终端操作App远程监测平台，随时随地查看农田的环境参数。

第二，墒情监控系统的应用。墒情监控系统建设主要包含三个部分。

a.建设墒情综合监测系统。建设大田墒情综合监测站，利用传感技术实时观测土壤水分、温度、地下水位、地下水质、作物长势、农田气象信息，并将信息汇聚到信息服务中心，信息中心对各种信息进行分析处理，提供预测、预警信息服务。

b.灌溉控制系统。利用智能控制技术，结合辅情监测信息，对灌溉机井、渠系闸门等设备的远程控制和用水量的计量，提高灌溉自动化水平。

c.构建大田种植墒情和用水管理信息服务系统，为大田农作物生长提供合适的水环境，在保障粮食产量的前提下节约水资源。

第二节　农业田间智能灌溉系统无线自组网

一、农业田间智能灌溉系统无线自组网概述

农田面积一般很大，传统的数据采集工作要克服种种环境及地理因素，如果使用网络，则仅仅在建设初期物色好人力和物力即可。但若将有线网络铺设到农田建设中，则会给农田耕种和生产成本带来更大的挑战。为了降低耕种成本，传感器是一个便于收集土壤信息、灌溉水量、田间气候信息的重要生产工具，它可以通过采集和汇总数据，控制各个灌溉阀门，进而使农田灌溉实现智能化。

田间智能灌溉系统利用物联网的感知技术以及无线通信技术，通过建立农业信息管理系统，实现了对农田信息的监测，推动了农业的发展。

田间智能灌溉系统使用ZigBee、Wi-Fi、LoRa无线网络实现传感器间的通信，并经过GPRS（3G/4G）将信息远程发送到服务器，实现了大面积农田智能灌溉，系统有着良好的应用前景。

田间智能灌溉系统中的无线自组网，是一种完全自治的分布式系统，由具有无线收发性能的自动化终端节点组成。传统的无线网络通信系统需要固定的网络基础设施，比如基站等，而无线技术不仅一改以往的通信设备系统，还在此基础上增加路由和控制功能，便于实时掌握网络最新的消息，再配合计算机预定算法，依靠特定运输途径实现数据输送，即使不在通信范围内也可以依靠其他节点进行多跳式数据传输。无线自组网的组成结构相较于传统的中心式蜂窝网络具有更大的优势，不仅传输速度更快，网络部署设备也更加灵活和高效。随着当今社会生活水平的不断提高，智能化生活逐渐深入到日常生活中，研究人员对无线自组网的研究热情也越来越大。

无线自组网的组成节点均具有同样出色的无线传输能力和功能配置。每一个网络节点都具有自己特定的传输范围，其所覆盖的范围可与每个节点进行点对点对接，如超出覆盖范围，还可依靠其他节点进行路由转发，通过多跳式传输进行数据输送。与此同时，公共无线媒介的负荷压力会随之增加，导致彼此覆盖范围内的节点相互竞争、相互干扰，使网络节点的运行速度越来越慢，整个网络的拓扑结构体系也随之发生变化。

二、农业田间智能灌溉系统无线自组网技术

田间智能灌溉系统无线自组网技术主要包括ZigBee、Wi-Fi、LoRa等。

ZigBee无线通信技术是一种具有低功耗、低成本的无线通信技术，其工作在2.4GHZ的ISM频段，传输数据的速率是20 ~ 250kbit/s，其通信距离较有限，在10 ~ 100m，但在增加发射功率后，亦可增加到1 ~ 3km，这指的是相邻节点间的距离。如果通过路由和节点间通信的接力，传输距离将可以更远。ZigBee无线通信技术在目前工业控制中的应用较广泛，也在田间智能灌溉系统中得到了应用。

Wi-Fi无线通信技术是一种广泛应用在人们日常生活中的无线通信技术。Wi-Fi是当今WLAN主要核心技术之一，其接入速率甚至可达每秒几百兆比特，具有优秀的可移植性和带宽特性。但由于这种无线通信技术耗能高、成本大，所以在耕田应用和技术推广过程中受到较大的影响。

LoRa无线通信技术的输送信道为125kHz，通信速率可达0.3 ~ 50kbit/s，充分体现出了通信距离长且耗能低的优势。而且，LoRa无线通信技术的工作频段保持在0.137 ~ 1.020GHz，其频谱在1GHz以下且接收灵敏度可达到-148dBm，这使整个系统的传输速度和效率更加突出。除此之外，LoRa扩频技术所采用的线性扩频机制能进一步增大通信距离，使各个传输终端独立运作，不会相互干扰。

因此，LoRa无线通信技术在田间智能灌溉系统中受到越来越多的青睐。

1.田间智能灌溉系统中的ZigBee技术及其应用

ZigBee是最近很火的一种可以实现短距离、低功耗的无线通信技术，它要按照自己的通信标准来执行网络通信，是结合了无线标记技术和蓝牙技术的一种通信手段。ZigBee无线通信技术常用于田间智能灌溉系统，它可以传输田间远距离的灌溉数据，具体来说是协调田间的所有无线传感器节点来调节通信传输的一种技术。和无线通信技术相比，在整个过程中，它的耗能量要低很多，进行数据传输时，节点通过接力的方式来进行数据传输，从而确保了较高的通信效率。

（1）田间智能灌溉系统功能　田间智能灌溉系统的功能需求如下。

① 数据采集功能。ZigBee模块主要是读取传感器上的数据，并对土壤温湿度、日照强度及空气温湿度等数据进行采集，再由无线传感器进行数据的传送。

② 数据通信功能。将传感器节点监测数据传送到ZigBee传感器网络、互联网或GPRS网络，然后再传送到服务器上，同时将管理平台上的控制指令传送到各个监控节点，实现整个传送过程中的双向传输。

③ 远程控制功能。管理平台可以将指令进行远程发送，从而控制电磁阀门，实现自动灌溉操作。

④ 自动控制功能。管理平台接收到传感器的信息数据后要进行环境状态的分析，并对电磁阀门发送指令控制，为自动灌溉提供操作控制。

（2）田间智能灌溉系统结构

① 供电与通信。ZigBee无线网络通信主要由GPRS模块和ZigBee模块构成，ZigBee模块用于连接无线采集控制器进行通信，GPRS模块用于连接因特网。太阳能电池板、电源管理模块和电池用于提供稳定可靠的电源。

② 采集与控制。ZigBee无线采集控制器的设计需考虑系统的主要功能，因此，需包含的传感器和控制器有：空气温、湿度检测传感器，土壤温、湿度检测传感器，光照强度检测传感器，电磁阀控制模块。

③ 系统软件设计。系统软件可采用面向对象语言VB进行编程。上位机软件主要包括界面设计、数据库和网络通信。界面设计主要用于显示各个采集控制器的数据信息。数据库用于存储各个采集控制器的数据信息，并对数据进行统计处理，便于用户查看记录。网络通信部分用于从以太网中获取采集控制器的信息和发送控制指令给采集控制器。后台程序通过分析记录在数据库的信息并判断阈值，当传感器数据达到阈值时，管理平台向采集控制器发送控制指令，从而实现智能灌溉。

2.田间智能灌溉系统中的Wi-Fi技术及其应用

Wi-Fi无线通信技术适用于田间土壤湿度、灌溉水量及电磁阀开闭等信息通信，可作为田间智能灌溉系统节点信息通信技术。Wi-Fi是无线局域网络中的一项技术，由于自身传输效率的优势，使用Wi-Fi技术组建的无线局域网络具有很好的性价比和良好的用户体验。在田间智能灌溉实际应用中，由于Wi-Fi无线通信技术有自身的使用规则以及参数配置，因此有必要对Wi-Fi无线通信技术进行必要的了解。

（1）Wi-Fi模式　Wi-Fi模式包括：跳接式路由技术（Ad-hoc）、无线AP、无线点对点桥接、无线点对多点桥接、无线客户端、无线转发器、无线网状网（WiMesh）。

① Ad-hoc。它可以直接无线连通其他电脑，一般用于两台或两台以上的电脑连接，也就是说把好几台计算机连在同一个无线网络中以后，就可以不通过AP即能进行网络共享。

② 无线AP。有线网络和无线网络是通过无线AP联系在一起的，所以无线AP的作用主要是连接各个无线网络客户端，并将其和以太网进行连接。

无线AP应该要设置密钥、信道、相应的网络协议［如动态主机设置协议（DHCP）］、桥接等。

③ 无线点对点桥接。其工作原理是：在无线工作站中，访问接入点主要的作用是进行中心控制，不过它的通信只能在另一个无线网桥中进行。其设置主要是通过“Preferred BSS ID”完成，对端AP的MAC可以对指定的AP进行识别，所以应该配置对端AP，如此才能实现对点传送目标。因此通常要选择一样的信道、应用模式或服务集标识等。

④ 无线点对多点桥接。其工作频段为5.8GHz，此频段为不收费频段，采用802.11n技术1×1单发单收无线架构，提供最高达150Mbit/s的传输速率，系统兼容802.11a/n，可将分布于不同地点和不同建筑物之间的局域网连接起来，是真正实现高性能、多功能平台的无线传输设备。

⑤ 无线客户端。无线客户端可以互联有线和无线，并对信道进行自动捕捉，可以对密钥进行手工设置和自动进行IP地址的获取，这也是无线客户端的主要特征。

⑥ 无线转发器。无线探测器和遥控器信号是通过无线转发器进行转发的，同时它也是联动系统的重要构件，为了确保遥控器或探测器和远距离接收装置之间的信号强度，可以加装无线转发器。

⑦ WiMesh。WiMesh是以IP协议为基础的一种通信技术，它可以满足多点对应的网状结构的网络通信需求，利用移动跳接式的方式来防止出现星状网络单点故障问题，它耗能较低，其工作原理是将信息包从一个节点向另一个节点进行传递，以确保信息包可以准确到达目的地。点对点网络节点只将自己的信息包留下，其他的会进行过滤，而网状网节点接收则有所不同，它会接收所有的信息包并再次进行传输。多跳网络运行方式类似于因特网，其提供的通信路径也比较多。

（2）Wi-Fi网络结构　Wi-Fi的网络结构由工作站（STA）、基本服务集（BSS）、独立基本服务集（IBSS）、分布式系统服务（DSS）、接入点（AP）、扩展服务集（ESS）等组成。

① STA。STA也可以称为网络适配器或网络接口卡，是和无线媒介进行连接的部分。其工作站包括两种：一是固定节点；二是移动节点，可以进行外置也可以内置放置。任

何一个工作点的功能都包括了鉴权、取消鉴权、加密和数据传输等，这其实就是我们常说的网络客户端。

② BSS。作为Wi-Fi无线网络的基本单元，每一个BSS都有自己的基本服务集识别码，它由好几个工作站组成，同一个BSS覆盖范围内都可以实现各个工作站的相互通信（BSSID）。

③ IBSS。IBSS也称为独立广播卫星服务，它是最简单和最基础的Wi-Fi网络类型，由两个可以相互通信的工作站组成，临时性是这种网络最显著的特征，且具有较为简单的组成，所以可以实现点对点连接。组成IBSS模式需要最少2台STA，不过这种模式中不存在无线基础设施骨干。STA不会受限于BSS，因此不会被BSS覆盖范围所限制。

④ DSS。PHY的覆盖范围直接影响工作站之间的通信距离，所以进行一个拓扑型网络的建设将有利于通信工作距离的扩大，结合多个BSS可以通过DSS来实现，从而产生一个全新的无线网络。

⑤ AP。AP和传统有线网络中的集线器类似的作用，通常用于小型无线局域网的组建中。有线网和无线网往往通过接入点进行连接，并组织若干个STA，然后将AP和因特网连接起来。

⑥ ESS。ESS网络是将几个基本服务集结合起来形成的一个精确的无线网络。

（3）Wi-Fi网络拓扑结构　Wi-Fi组网包括两种拓扑形式：一种是分布对等式拓扑；另一种是基础架构集中式拓扑。以下就详细来说明两种不同的拓扑形式：

① 分布对等式拓扑。至少要两个工作站点才能组成分布对等式网络，两个站点之间是对等的关系，不存在AP。该种模式下的结构较为松散，可以在两个工作站点之间进行通信。Ad-hoc网络可以进行无线网络连接，当然需要设备具备无线功能，这样就能实现数据共享了。

② 基础架构集中式拓扑。组成部分主要包括了AP和STA，从有线网络发送和缓存数据到无线网络要经过AP实现。这种模式的拓扑有利于提升网络资源利用率，它包括ESS和DSS两种。无线网络的基本组成单位是BSS，包括了几个STA和一个访问点。ESS由若干个AP和分布式系统组成，ESS的所有接入点都接入同一个ESSId。分布式系统无线网络经由AP来实现数据的交换，而每个数据服务集由3个STA组成。

（4）Wi-Fi网络用户接入　不同于有线网络，监听无线网络可以利用无线电波范围内的任何一个站点来予以实现，在无线网络上传送的任何一个数据都有可能被窃取。确保无线网络安全是非常重要的课题，这样才能确保授权站点可以正常访问网络，并有效限制其他非法用户的窃取。

用户加入网络通常按这些步骤来实现：先发现网络，然后对网络进行选择，再通过认证，最后进行关联。

① 发现可用网络。先对无线网络进行扫描，可以对可用网络进行发现，无线扫描包括两种：一种是主动扫描，这种扫描方式具有速度快的特征；另一种是被动扫描，该方式耗时较长，但较省电。

自动扫描是指用户在主机上进行请求帧的发送，对和STA具有相同SSID的AP进行寻找和发现。AP可以发送和信标帧类似的信息。当找不到相同SSID的AP情况下，将会一直进行自动扫描。

被动扫描是指AP发送信标帧是具有周期性的，信标帧中包括了网络名称、支持的速率、加密算法、认证方式及包含AP的WAC网址等信息。用户通过信道扫描，可以发现区域中所有的AP信标帧。

② 选择网络。STA可以匹配具有相同SSID的AP，并进行信号最强或者最近使用过的网络的选择，之后进入认证。

③ 认证。认证可以让AP对STA身份予以确认，通过了身份认证的站点才能接入到无线网络。认证有两种方式：一是MAC地址认证；二是用户名或者口令认证。既可以进行开放系统认证，也可以进行共享密钥认证。当要解除两者的认证关系时，也可以利用解除认证来实现。

④ 关联。用户只有关联了特定的AP，才能通过AP接入无线网络。用户对指定网络进行选择，并经过AP认证之后，则可以进行关联请求帧的发送。AP会将用户信息自动进行添加，并对用户进行关联相应的回复，我们将这一过程称为注册。建立关联后，就可以进行数据传输了。关联是指将STA和AP进行关联之后，可以且仅可以在两者之间进行数据传输；而再关联是指将STA和AP的关联过渡到和另一个AP的关联，并经过认证来获得两者之间的关联关系。去关联则是将STA和AP之间的关联关系予以解除。

（5）Wi-Fi网络认证加密　Wi-Fi的网络安全机制包括两种，即认证和加密。现在有这些较为典型的认证和加密机制：Open System、WPA/WPA2、WEP有线等效加密。

① Open System。既不进行认证，也不进行加密，可供所有用户关联的无线网络。

② WPA。WPA即指Wi-Fi保护访问，这是一种保护无线局域网安全的技术，是对传统WEP安全技术的一种升级和替代，一般包括两种：一种是家用的WPA-PSK；另一种是企业用的WPA-Enterprise版本。它以临时密钥完整性协议加密技术为主，有效减少了WEP加密所隐藏的安全问题。

③ WPA2。这是在WPA基础上的加强版，并使用了高级加密协议，比WPA更难被破解，更安全。

④ WEP。最基本的加密技术为有线等效加密，它对数据的保密是采用的RC4算法加密，其加密方式分为两种：一是64位密钥；二是128位密钥。这两种加密方式都存在用户使用相同保密字而造成密钥容易被破解、数据被盗取等固有缺陷。

（6）田间智能灌溉系统硬件设计　田间智能灌溉系统硬件设计系统主要分为前端和后端两部分。前端以田间系统为主，主要执行部件包括传感器和电磁阀，其中传感器的功能是进行土壤环境信息的采集；后端以控制系统为主，硬件包括控制计算机和手机等，主要任务是负责信息的处理及指令的传输。前端和后端进行信息传递主要依赖于Wi-Fi模块构成的通信链路。

田间系统中设置的信息采集传感器必须安装在土壤中，但考虑到土壤需要进行翻耕作业，因此在传感器的数据接收端的连接方式上选择了无线传输。信息采集传感器的功能主要是采集土壤环境信息，如土壤温度、湿度及大气湿度等，采集到的信息通过通信链路传送至控制终端，控制终端借助手机软件便可查看实时数据，根据所采集到的数据信息分析土壤环境情况，然后向田间系统发送指令，打开灌溉水阀或关闭灌溉水阀等。在整个系统中，后台数据的传输方式和田间系统数据的传输方式都选用了无线传输，但具体的传输模式应取决于数据的传输速率及功耗等因素。首先，后台数据的传输方式考虑到与手机及互联网的连接，选用了Wi-Fi通信模式；其次，田间系统因采集的数据量小，传输率低，因此选用ZigBee方式进行传输且ZigBee网络的数据接口采用串口模式，通过Wi-Fi通信链路，可将串口与Wi-Fi网络连接起来，实现数据的转换与通信。

（7）田间智能灌溉系统软件设计　田间智能灌溉系统主要实现的是移动终端的控制系统，即通过Wi-Fi通信链路共享、转换和传递实时数据。随着手机技术的发展，手机端的功能日益强大，以前必须使用服务器才能完成的任务，现在借助手机端便可轻松实现。基于此，本系统将大部分的功能都设计在移动终端上完成，而服务器作为基本的数据存储系统，一方面实现了移动控制的便利性，另一方面顺应了当前移动技术的发展潮流。在系统中，手机端主要负责查询数据信息和发送水阀控制指令，因此程序功能相对简单。此外，手机终端还设定了用户权限，在使用时需进行用户验证，以保证系统操作的安全性。用户控制方式可选用自动控制，也可使用手动控制。手机端的数据信息主要有两种：一是由田间传感器采集到的关于土壤及气象数据，如土壤温度、大气湿度等；二是由单片机提供的关于受控设备的工作状态及工作时长等信息。

在本系统中，控制软件不仅要实现用户管理、信息采集、指令发送及自动控制等基本功能，同时作为一个人机交互的操作平台，控制软件还应考虑界面的设计，以满足用户的感官需求。在本设计中，控制软件以安卓系统为平台，通过直接或间接的方式实现与系统中Wi-Fi模块的通信。

① 本系统设定了登录模块，在使用时需进行密码验证，通过的用户才可进行相应的系统操作，以保证系统的工作安全。登录账户分为系统管理员账户与普通用户账户，这两类账户所具有的权限是不同的，系统管理员具有系统的最高权限，主要负责以下任务：一是添加或删除用户，进行密码修改或密码重置；二是根据需要赋予不同用户不同的使用权限；三是在自动模式中设定工作状态阈值，以确定自动灌溉的节点。普通用户是根据管理员所赋予的权限，以完成相应的操作，如开启或关闭自动控制、使用手动控制等，此外，普通用户还可查看相关的数据信息，包括田间气象数据、水阀工作状态等。

② 完成数据的传递与处理。系统软件借助手机Wi-Fi功能实现与系统内部Wi-Fi模块的直接或间接通信，这是进行数据传输、处理及存储的前提。借助Wi-Fi模块的串口通信功能，一方面可实现田间系统的数据传输，另一方面还可完成水阀控制指令的发送。此外，不论是田间系统采集到的关于土壤及气象的信息还是水阀启闭指令的发送，都需

要进行数据的留存，并在此基础上形成数据折线图或数据表，一是为了方便查看历史数据，二是可借助历史数据总结操作经验，以更好地进行分析和预判。

③ 本软件的管理员模块设置了土壤墒情阈值预设的功能，以更好地实现系统的自动控制。系统管理员通过设定土壤墒情阈值，当自动模式开启后，软件可实时进行数据对比，如果采集到的土壤墒情数据达到所设定的阈值，则水阀开关将会自动开启进行灌溉，当土壤湿度满足要求后，水阀开关会自动关闭，或者管理员可根据土壤墒情设定灌溉时长，在达到设定的时长后，系统将会自动关闭水阀。

3.田间智能灌溉系统中的LoRa技术及其应用

LoRa是一种无线调制与解调技术在1GHz以下的通信载波，主要面向低功耗和远距离的应用场景。在大型农田智能灌溉系统信息采集和通信中被大量使用。

LoRa技术的接收灵敏度达到了 - 148dBm，其不仅具备频移键控的低功耗特性，同时延长了通信距离。采用LoRa技术，在接收数据时只需要在不同的终端使用不同扩频码，就不会造成数据的相互干扰。此外，在LoRa通信网中，一个集中器可连接多个终端节点，并且可以并行接收数据，这样就提高了系统容量。

（1）系统组网方式　田间智能灌溉系统的组网方式采用了稳定的MESH和STAR复合网络结构，其是基于集群自组网而设置的无线自组织网络系统。这种组网方式的一次通信成功率非常高，同时还具备以下特点：极低的功耗、较快的组网速度、极强的穿透能力及较高的控制实时性等。

网络系统采用主从式机制，也就是由集中器控制整个网络活动。一个集中器也就是一个田间中心协调单元，集中器主要有两种方式实现与节点模块的连接：首先是节点模块直接与集中器进行通信，一个集中器最多可控制256个节点，实现与集中器直接通信的是一级节点，而大于一级的节点就必须通过第二种方式与集中器实现连接；其次是节点模块经过路由器与集中器通信。节点围绕路由器组建星状网络，再通过路由器组建的MESH网络实现与集中器的连接。

系统在通电后，网络的组建、维护及优化不需要人为干预可自动完成，同时系统还可自动发现新的节点或路由器，在自动识别网络地址后将其加入到网络中，同样也可删除节点或路由器，当节点或路由器被移除后，其相关信息可在设定的时间内被删除。

在路由器组建的MESH网络结构中，任意一个路由器既可能是父节点，也可能是子节点，同时每个节点又有多个父节点，这样的设计不仅提高了网络的可靠性，同时还扩大了网络的覆盖面积，如果网络中某一节点出现故障，则集中器可选择其他节点，以保证网络的正常通信。在每个节点上，存在多条路由且都具有路由器的中继功能，因此在进行数据传输时会动态选择最佳的路由，以最快的速度将数据传输到集中器。从节点向集中器传输数据，中间会经过多个父节点，通过父节点一级一级地转发完成数据的传输。集中器也可实时查看节点及路由器的情况，包括了解路由器及节点的数量、地址、级数等，同时还可发送命令，找到出现故障的节点。路由器和集中器采用的是8信道的LoRa

网关芯片，供电系统使用的是微型太阳能电池，因功耗较低，电池可持续使用数个灌溉周期。节点采用的是单信道的LoRa终端芯片，供电选用一次性大容量电池，同时节点设备不仅具有较强的穿透力，同时覆盖范围较广，可达6km以内，因此这种网络结构适用于大型的灌溉区。

（2）系统硬件组成　田间智能灌溉系统的LoRa智能网关单元由无线扩频模块、ARM控制器、太阳能控制器、天线及GPRS DTU模块等多个硬件设备组成。供电系统采用太阳能设施。存储实时数据、与云端服务器进行数据交互是由LoRa智能网关单元中的监控阀门控制单元和监测墒情采集单元负责。此外，在系统中还设置了应急阀门控制装置，以保证田间智能灌溉系统在GPRS网络中断或云端服务器崩溃的情况下仍可使用手动控制阀门以完成水阀的开启或关闭。

在系统中，根据实际的工程需求配置相应数量的阀门控制单元，其主要功能是负责超低功耗的阀门控制，同时采集相关的数据，包括阀门反馈状态及过水流量等，借助微波扩频实现与田间中心协调单元的数据交换。阀门控制单元的配置主要有超低功耗微控制器、水压力传感器或流量传感器、微波扩频模块、先导式脉冲电磁阀及430MHz天线等，其所使用的外壳达到了IP68防护等级。

（3）系统工作方式　田间智能灌溉系统中，当终端节点设备的工作完成后，单片机会发出指令调整无线通信模块、信号输出模块及信号采集模块的工作状态，由工作模式调整为休眠状态或断电停止工作状态，在调整完之后单片机随之进入休眠状态。唤醒时先由现场网关向终端节点控制器发出工作指令，随后无线通信模块被唤醒，由休眠状态转为工作模式，然后将指令传达给单片机，单片机进入工作状态后接着将指令传送至信号输出模块和信号采集模块，进而唤醒整个田间智能灌溉系统。

在系统中，将核心路由协议设置到智能网关单元中，不仅可以提高系统通信的可靠性和实时性，还能降低节点设备的功耗。网关节点自动上传节点信息，可设置自动上传的间隔时间，同时采用防碰撞技术，以保证网关数据上行和下行的同时执行，进而实现系统低功耗、可持续的运行。此外，当出现个别节点数据上传错误时，可通过错误重传功能进行判断，查询数据出错的原因，进而修正数据信息。

（4）系统功能　田间智能灌溉系统功能包含以下内容。

① 采集土壤湿度、温度及盐分等相关信息。

②采集风速、雨量、大气压力、空气温度、湿度等相关气象信息。

③ 进行设备监控及信息监测等。如监控水泵、过滤器等设备；监控水位、压力等信息。

④ 控制阀门，监测阀门状态及网关信息等。

⑤ 当出现特殊情况时进行报警，同时显示相应的报警信息，如管道压力、智能设备电池电量及墒情气象等。

⑥ 可查看灌溉计划的详细信息，不论是已经执行的、正在执行的，还是未执行的，都可以通过数据采集以获得相应的信息，包括每个灌溉组的灌溉状态及灌溉时间。同时当设备出现故障时，还可以统计出未执行轮灌的出地桩，以在结束后安排补灌。

⑦ 以柱状图的形式统计各灌溉单元及出地桩的用水量。用水信息包括灌水总时长、平均时长及最短最长时长等。绘制出各灌溉单元的柱状图，便可通过点击来查看该灌溉单元下所有出地桩的灌水总时长；同时点击出地桩的柱状图便可获得该出地桩每次灌水所用的时长。

⑧ 结合种植结构、墒情采集站和气象站以构建农作物生长模型及需水预报模型等。

⑨ 进行自动灌溉。借助农作物需水预报模型，计算出大致灌溉的需水量，然后制定轮灌模型，便可实现田间智能灌溉。

第三节　基于ZigBee技术的智慧农业大棚系统

基于ZigBee技术的智慧农业大棚系统主要实现的功能有：采集棚内影响农作物生长的各项环境参数，并将采集的数据传输到无线通信组网；MySQL数据库中存储前端采集的农作物生长情况和生长环境参数等数据信息；用户可以时刻监控棚内农作物生长状况。若出现农作物生长过程数据异常情况，系统会自动报警，技术管理人员和农户可以通过门户网站登录系统，启动相应的智能控制决策，从而实现智能灌溉和模糊控制等操作。

一个完整的ZigBee智慧农业大棚通信系统由感知层、传输层及应用层组成。

一、智慧农业大棚通信系统的感知层

感知层：大棚内分布的传感器可以获取棚内的空气温湿度、CO_2浓度、土壤温湿度等主要的参数，并及时将采集的数据进行传送。

在整个物联网系统中，感知层的重要作用是不言而喻的，它所产生的功能类似于人的“五官”和“皮肤”，其主要功能在于完成数据采集。即主要是完成大棚内农作物生产环境等物理数据进行传送，并及时采集视频监控器中的棚内实时图像并传送到控制平台，供控制平台进行分析和处理。在这个过程中，终端节点就是传感器节点，其通过外部电源来提供工作电量需求，而且需要保持在3.6 ~ 4.4V电压才能正常工作，同时棚内的环境成分和浓度信息等都由传感器来进行采集。

数据采集模块是感知层最主要的组成部分，它主要是利用传感器节点的采集功能来采集和监控棚内的空气温湿度、CO_2浓度、光照强度、土壤温湿度等。常用的传感器采集类型包括以下四类：一是MG811型CO_2浓度传感器；二是DHT11型土壤温湿度传感器；三是空气温湿度传感器；四是BH1750型光辐射传感器。Arduino芯片可以读取这几类传

感器的输出信号并进行存储，然后同步Web服务器中的MySQL数据库。此外，该系统还具备ZigBee无线传感网络，有效扩大了感知区域。

二、智慧农业大棚通信系统的传输层

传输层对物联网产生的作用类似于“中枢神经”系统在人体中的作用，即它主要的功能就是传递各种信息，既可以进行有线通信，也可以进行无线通信，所以我们可以将传输层称为网络层。它主要由通信网关和服务器两个部分组成。农业物联网中的传输层要达到可靠、安全、快速等要求，这样才能有效地传递数据信息。

现在，国内的农业种植网络通信基础设施还有待进一步完善，如此才能满足目前的需求，为了确保传输层数据能够准确、快速地传递，就要解决各种技术问题，并加强在农业通信基建方面的技术和经济投入，不断对新的应用通信技术进行开发研究。现在传输层主要通过两种方式进行信息传递：一是有线通信；二是无线通信。因为大棚空间范围较为有限，有线通信需要的网络架构成本较高，且有线布局结构检测位置不能随意变动，从而限制了通信网络感知信息的灵活性，也不利于检测范围的拓展，此外，还会大量占用棚内的种植面积。为了有效解决问题，ZigBee无线通信网络的低功耗、大容量和低成本等特征使其成为了大棚种植的首选通信网络。

此外，传输层还包括以下三个组成部分：一是天气信息接收模块；二是土壤水分预测算法处理模块；三是实时数据监测分析预处理模块。传输层收集天气信息一般是利用特定编程语言开发的Web网页来完成。它主要包括三种形式，分别为JSON、XML或HTML，由这些门户所获得的预测信息一般都会在网络服务器的MySQL数据库中进行存储。

三、智慧农业大棚通信系统的应用层

应用层：主要功能是分析处理、展示和应用存储的各种数据，并为用户提供信息，利用手机和电脑控制终端设备来和用户进行交互。

应用层的设计主要是依据农业大棚的现实需求而进行的，由此可见，实现人机交互就是其主要的功能，并对整体系统进行决策。应用层主要是接收来自传输层传送的前端数据信息，并由此判断棚内农作物的具体生长数据情况，给出合理的控制和解决方法，从而有效改善了现场操作的不便等问题，这也是物联网智慧农业系统的优势和特征所在，它为大棚农作物的个性化、多样化应用需求提供了解决方案。现在，农业大棚智能控制也离不开物联网通信技术，它将有效促进农业生产的便捷、高效以及智能发展。

应用层的另一个主要功能就是能够对农作物生长进行模糊控制，并进行智能灌溉。用户可以根据自己的实际需要来制订灌溉控制决策。实现启动或终止灌溉操作都应该依据土壤水分和降水信息来确定，并操作触发器控制开关来实现水泵的连接，而且该触发器受到Web服务API的实时监控。

土壤水分预测算法是以SVR模型和k-means聚类算法为基础进行的一种土壤水分规划预测算法，它可以对未来几天的土壤水分信息进行预测，并以此为依据来制订科学的灌溉决策。传输层结合了编程语言和MySQL数据库进行了Web用户界面的创建，并对灌溉操作实施及时检测和调度。用户可以利用Web界面对远程管理水泵开关进操作。该系统不同于传统大棚的地方是，它利用基于ZigBee无线传感技术和Mamdani模糊控制理论来对大棚内的植物生长环境指标参数进行模糊控制，为棚内植物的生长环境需求提供了便捷有效的操作模式，实现了农业的智慧化发展，促进了农作物的健康生长。随着这种新型智慧农业大棚功能系统的不断普及，为农作物的增产、增收目标的实现创造了有利的条件。

第五章

无线通信技术在城市轨道交通中的应用

近年来，随着公共交通的快速发展，城市轨道交通逐渐成为缓解城市交通拥堵的重要方式。无线通信技术在城市轨道交通中发挥越来越重要的作用，如保障列车安全、准点运行。本章研究无线集群通信技术、LTE-U技术在城市轨道交通车地通信中的应用、基于TD-LTE的城市轨道交通CBTC系统车地无线通信干扰的抑制。

第一节　无线集群通信技术

一、集群通信基础

1.集群通信的发展由来与特点

作为一种专用通信系统，集群通信系统的功能主要有共享资源、分担费用、自动选择信道等。具体来说，集群通信系统是一种用户共用信道设备及服务的无线调度通信系统，其特点是用途广、效能高。

传统的专用业务移动通信系统指的是某个行业或部门内用以调度指挥的移动通信系统。从其发展过程来看，由一对一单对讲发展到单信道一呼百应，再由选呼系统发展到多信道自动拨号系统。在厂、矿等部门，其最初使用的传统专用移动通信是由几部普通步话机组成的，虽然可实现双方之间的交流，但由于无线电调度网的功能过于简单，双方在通话时只能一方讲另一方听，无法同时发信。为了解决这个问题，将原有的单频单工制、双频单工制进行了改进，产生了双频双工制，在这种网中，通话双方虽然可以同时发信，但频率的利用率极低。传统的专用业务移动通信特点在于其信道是“专有”的，也就是说用户在选择某一信道后，它的通话就只能维持在这一信道上，那么这一信道此时就处于占用状态，而其他用户只能等待，不能选择其他空闲信道，这在一定程度上不仅会引起通信阻塞，还会给用户造成一定的影响。

总的来说，传统的专用业务通信系统存在一定的缺陷，如频率利用率低、通信质量差等，而集群通信系统作为一种高层次的专用业务移动通信形式，在一定程度上弥补了传统业务通信系统的缺陷。

集群通信系统是用户共用信道，一方面可调节余缺、集中建网，另一方面可便于管理和维修，这在一定程度上不仅增加了系统的功能，还提高了服务等级。总的来说，集群通信系统具有以下四个特点：一是系统中的用户所使用的频率不再是专有的，而是通过集中以供所有用户共用；二是控制中心和基站等设施集中合建，进而实现设施的共用；三是通过互联，将各家邻近的覆盖区连接起来形成更大的覆盖区，进而实现覆盖区的共享；四是利用网络实现通信业务共享。

2.集群通信系统的网络结构

根据不同的标准可将集群通信系统的网络结构分为不同的类型。首先以覆盖区的半径大小为标准，可将网络结构分为小区网、中区网及大区网；其次以服务区的几何形状为标准，可将其分为蜂房状网、框状网及带状网等。

单区单点单中心网络、单区多点单中心网络、多区多中心网络及多区多层次多中心网络是集群通信系统的四种网络结构。其中，“中心”指的是通信中心，而“点”则代表无线电信号的基地站，通信中心不仅具备控制与交换功能，还能实现与市内电话网的连接，而基地站的功能是完成无线电信号的收发。

（1）单区多点单中心网络　作为一种最常用的集群通信系统网络结构，单区多点单中心网络适用于一个地区内、多个部门共同使用的通信系统。从其组成来看，单区多点单中心是由一个通信中心、多个基站及网中若干移动台组成，其设计和设备的配置应采取多点设址。这种网络不仅可以满足各部门用户的通信需求，同时还可实现网内的频率资源共享。整个服务区由多个基站及基台构成，在这种网络结构下，服务区内的各个通信设施通过以下途径实现相互连接：各基站借助无线或有线传输电路与控制中心实现连接，而控制中心通过中继线又实现了与市话端局的连接。借助有线传输电路，有线调度台可直接与控制中心相连。

集群通信移动网络不仅能提高原有设施的利用率，还能减少投资，节省成本，在充分满足用户需求的同时实现高效益。首先，对于已经建成的独立使用频率、独立工作的专用网络，可通过改造，将其设置成集群移动通信网，进而实现频率资源共享；其次，对于新建的集群通信移动网络，应根据各专业部门的用户需求设置相应的基站，从而满足各专业部门的业务需求。在整个服务区内如果只设置一个基站，那么就变成了单区单中心网络结构，其在组成上与单区多点单中心网络类似。在这种网络结构中，通信中心和基站的地点可设计在同一地方，也可根据需要设置在不同地点，基站和通信中心之间借助无线或有线传输电路实现连接，通信中心与市话端局及用户交换机之间的连接与单区多点单中心的连接方式相同。

（2）多区多中心多层次网络　在多区多中心多层次的网络服务区内，设置区域控制中心、多个控制中心及多个基站等设施，各控制中心受上一级区域控制中心的管理，并通过无线或有线传输电路连接在一起，形成整个服务区的网络结构。各控制中心与区域控制中心有着不同的业务分配，形成二级管理的区域网。首先，各控制中心负责处理本辖区内的移动用户业务，其中包括越区至本辖区的用户；其次，区域控制中心负责越区用户的识别码登记、控制频道分配以及越区频道转移的漫游业务等。此外，还可根据业务需求设置更高级的管理中心，借助有线或无线传输通道完成各下区域间的用户登记及呼叫建立等，以间接管理和监控区域控制中心，同时还可直接与区域控制中心相连接，实现高质量、高效率的移动通信功能，以满足用户更高层次的需求。

对于以上两类系统，单区系统由一个基本型的系统设备组成，整体来说较为简单，因此其适用于容量小且覆盖面积小的业务组网。而多区系统由多个单区系统及各种连接设备组成，相比于单区系统来说较为复杂，因此在容量大且覆盖面大的业务组网内常使用多区系统。

3.集群通信系统实际设备组成

集群通信系统的基本功能是实现移动用户之间的通信。而要想与市内用户进行连接，就需要将中心基地站与用户终端进行结合，在借助有线或无线通道的基础上形成一个移动通信网，便可实现移动用户与市内用户的通话连接。

第一，基站。发送合路器和接收多路分路器构成天线共用器，接收天线、发射天线和馈线构成天馈线系统。而天线共用器、天馈线系统与若干个基本无线收发信机共同组成基站。

第二，收发信机、电源、控制单元及天馈线等设备构成便携台的手持台。

第三，调度台分为有线调度台和无线调度台两种，其中有线调度台中只有操作台，而无线调度台包括收发机、电源、操作台及控制单元等多个设备。指挥、调度和管理是调度台的基本工作任务。

第四，控制中心主要是控制和管理整个集群通信系统的运行、交换和连接。其设备主要包括系统控制器、系统管理终端、监控系统、电源、集群控制逻辑电路及微机等。

一个中央处理器、一个调度指令台、一个收发基地台及一个交换矩阵构成了集群通信系统的控制中心。集群系统中调度台可与移动台进行通信，但每次一个调度台只能连接一个移动台，而移动台之间不允许直接通信，所有的呼叫需按顺序进行先后处理。系统中所有的调度台、基地台都与交换中心相接，不属于同一网络的调度台之间不允许通信。

控制中心的功能主要有：一是控制、管理和检测基地站的无线设备；二是监控移动台的状态；三是转接与处理音频信号；四是扩展用户线由市内交换机到移动用户。

4.集群通信系统分类与功能

（1）集群通信系统分类　通常情况下，集群通信系统可以分为以下五种。

① 以信令方式为依据，可将集群通信系统分为共路和随路两种。共路信令是由一个专门的控制信道来传送信令，而随路信令的话音和信令是由同一信道进行传送的，两种方式各有其优缺点，共路信令的传送速度较快，但占用信道，而随路信令虽然节约信道，

但在传送速度上相对较慢。

② 以信令占有信道方式为依据，可分为固定式和搜索式两种。固定式中的起呼都是固定信道，因此实施起来较为简单。而在搜索式中，信令信道是不断变化的，起呼需进行不断地搜索，因此这种方式实施起来较为复杂。

③ 以通话占用信道方式为依据，可分为信息集群和传输集群。信息集群在通话过程中只占用一次信道，直至通话结束，能保证用户通话的完整性，但信道利用率较低；传输集群又分为纯传输集群和准传输集群，其通话过程是在不同的信道上完成的，因此通话的完整性较差，但这种方式的优点是信道的利用率较高，同时还能保证通信的保密性。

④ 以控制方式为依据，可分为集中控制和分散控制。集中控制是对系统内所有的话务信道通过智能终端实现统一管理；而分散控制则是由一个智能控制终端控制一个信道。

⑤ 以呼叫处理方式为依据，可分为损失制和等待制两种。损失制是指当所有的话音信道都被占用时，用户的通话需要进行重新呼叫；而等待制则采用呼叫排队的方式，新申请通话的用户不必进行重新呼叫，相比于损失制系统，等待制系统的信道利用率较高。

（2）集群通信系统功能　不论是哪种类型的集群通信系统，其功能大致相同。

① 以典型系统为例，集群通信系统一般有20个信道，数据速率在1.2kbit/s至19.2kbit/s之间，每次接续的时间不超过0.5s，单呼组数48000个，群呼组数4000个且每个群能容纳的用户数有48000个。

② 集群通信系统具有自我诊断功能，其不受接收机的干扰，因此故障率较低，同时集群通信系统是按申请表分配信道，一个信道的故障并不会影响系统的正常使用，因此，集群通信系统具有较高的可靠性。

③ 集群通信系统可进行联网操作，同时按下PTT开关，系统可完成电话号码的自动重发，直至通话接通；此外，集群通信系统还能保护用户的通话隐私，具有系统寻找和锁定功能。

④ 集群通信系统除了具备正常呼叫的功能外，还可实现操作性、指令性、战术性优先呼叫的功能，也就是说，集群通信系统具有优先级别。

⑤ 集群通信系统分为大组呼叫和小组呼叫两种特殊的呼叫方式。

⑥ 集群通信系统不仅可实现无线、有线的转换，同时还能提供自动全双工移动电话功能，不仅可拨打国内长途，还可以实现国际直拨。

⑦ 集群通信系统还具有自动多站选择、无线电禁止、占用时间管理、移动数据终端及动态重组等多项特殊功能。

⑧ 集群通信系统的无线用户和有线用户之间可实现移动通信，同时无线用户之间也可借助个人选呼和群组选呼实现选呼通信。

⑨ 集群通信系统借助电脑管理不仅可实现话音的存储及输出打印功能，同时还能自动进行计时计费。

⑩ 管理人员可通过查看输入的通信网正常工作时的系统文件及用户文件，及时了解和掌握网内的工作情况。

⑪ 集群通信系统可实现禁听、禁发功能。禁听是指当某一用户占用信道进行通话时，其他无线用户听不到讲话的声音，收信指示灯可提醒用户此时处于占用状态；禁发是指当某一用户占用信道，其他用户在发信时会受到忙时提示音，进而避免正在通话的用户受其他用户发信的干扰。

⑫ 集群通信系统设置了声、灯、显示三种方式进行故障报警；同时集群通信系统还可传送图表、图片及图像等，以满足用户的多种需求。

⑬ 集群通信系统的用户分为普通用户和特权用户，特权用户享有普通用户所不具备的功能，如强插、全呼、选呼及通话不限时等。

5.集群通信工作过程

集群无线通信系统中，双工器是收发信的分合路系统，转发器分配信道，这两部分主要位于基站系统中，也受控制中心控制。

当网内无用户通信时，系统中的所有设备，包括移动台、固定台及中心台等都会在自身的信道上进行等待。一旦有用户发出呼叫指令，移动台被激活并与有线电话互连，借助信道将数字信令传送至中心台的网络终端，接下来网络终端需要通过核实入网登记记录以判断该移动用户的合法性，对于合法的用户，网络终端会自动分配空闲信道与有线电话互联，进而建立通信，而对于不合法的用户，系统将自动终止服务。当用户占用某一信道时，此信道则专属于该用户，直至通话结束。如果所有的信道都处于占用状态，这时申请通话的用户将会以先后顺序被编入等候行列，网络终端会自动向用户提示系统繁忙，当某一用户终止通话，信道处于空闲时，网络终端会按照等候顺序回叫第一位用户，申请通话的用户无须再进行任何操作。利用无线集群系统进行通信的过程是由移动台至有线电话，再由有线电话至移动台。

二、TETRA数字集群通信技术

集群通信系统的技术体制有iDEN，TETRA、GoTa、GT-800和GSM-R等多种，其中在城市轨道交通中应用比较多的是TETRA制式。

泛欧集群无线电系统（TETRA）是由欧洲电信标准委员会（ETSI）制定的欧洲集群无线电和移动数据系统的公开标准。TETRA是一个标准系列，一个分支是集群语音（数据）业务的无线和网络接口标准，另一分支是服务于固定和移动用户的广域分组数据业务的空中接口标准，支持标准网络接入协议。TETRA是目前国际上制定得最周密、开放性最好、技术最先进、参与生产厂商最多的数字集群标准。

1.TETRA系统的技术特点

TETRA数字集群移动通信系统是基于传统大区制调度通信系统的数字化而形成的一

个专用移动通信无线电标准。它大量借鉴GSM的概念，采用TDMA多址方式和类似的逻辑信道，支持连续蜂窝的广域覆盖。TETRA数字集群移动通信系统的功能主要有四个：一是支持功能强大的移动台脱网直通（DMO）方式，不仅可实现鉴权和空中接口加密，还可以满足端到端的加密需求；二是可实现在同一技术平台上的多种服务功能，如短数据信息服务、分组数据服务及多群组调度功能等；三是具有虚拟专用网功能，可实现一对多的网络服务；四是TETRA数字集群系统在服务功能、频率利用率、通信质量及组网方式上更加丰富和灵活。总的来说，TETRA数字集群系统是一个具有强大功能和服务的移动通信系统，许多新的应用和功能不断被开发，如车辆定位、数据库查询等。

（1）虚拟专用网　在TETRA数字集群系统中，虚拟专用网的功能为各个组织结构提供了极大的便利，可以使一个物理网络为多个组织机构服务，即使是功能要求和系统概念毫不相关的组织机构，也可通过配置相应的调度台和移动台接入TETRA虚拟网中，进而建立自己的虚拟网，这样各个机构就不再需要自行购置基站、交换机等一系列通信设备。借助TETRA数字集群系统，各机构可在自己的虚拟网中进行独立工作。

（2）直通工作模式　直通工作模式是指TETRA移动台在不使用网络基础设施的情况下进行的直接通信，目前大多数公司开发的TETRA系统使用的都是直通工作模式。在直通工作模式下，TETRA系统不仅可实现基础的通信功能，同时还具有双监控、转发及网关操作等多项功能。双监控操作指的是同时监控移动台及基站信号；转发操作是指在直通模式下，移动台具备一定的转发功能；网关操作是指借助相对应的接口以实现直通方式与集群方式移动台之间的通信。直通工作模式的使用范围较广，其不受基站及覆盖范围的限制，在系统出现故障或过载时仍可保证正常的通信。相比于常规专用网，TETRA的直通工作方式较为灵活，处于集群系统覆盖范围内的移动台可借助双监控功能实现与脱网工作移动台的通信联络。

（3）数据服务　大多数公司开发的TETRA系统都支持“TETRA短数据”及“IP数据传送”，为用户提供移动数据服务。如在警方值勤过程中，要想访问居民户口登记情况、罪犯资料及丢失车辆号牌等，便可借助TETRA网络的高速数据传输功能，调取控制中心的数据库资料，控制中心通过TETRA系统将所需的办案信息传送至警车的计算机上，包括图片及视频图像等。此外，TETRA系统还可用于铁路移动通信，强大的数据传输功能不仅可以实现列车车次号、轴温等信息的传输，还能为用户提供自动定位、数据库调阅、文本信息传送及列车自动保护等服务。

（4）网络互联　TETRA系统组网灵活，网络结构模块化。系统规模可大可小，既适用于专用网，也适用于社会化的共用调度网。既可组成单基站的最小系统，也可组成中等规模的系统，还可组成多区大容量系统。无论是摩托罗拉DIMETRA系统、马可尼ELETTRA系统、Simeo TETRA系统，还是诺基亚TETRA系统，现在都实现了与其他

TETRA系统的互联，以及与ISDN、因特网、PABX、PSTN等的互联，而且移动台也实现了与其他数据终端的连接。为了保证网络的互联性，系统定义各种接口，包括移动台和手机均有数据设备接口，可连接数据终端和其他数据外围设备（如GPS接收机等）、PSTN、ISDN和PDN等接口，实现与公网的连接；ISI接口可实现不同厂家生产的TETRA系统之间的连接；PABX接口可实现与其他专用电话网或专用移动通信网之间的连接；以及LAN / WAN接口和管理计费等接口。

（5）频谱利用率　最初，TETRA系统的工作频段主要是380 ~ 400MHz，各厂家生产的产品也主要满足该频段。目前，已经有800MHz和其他频段的产品。TETRA的主要工作频段和间隔特性如下。

① 频带：350MHz频段、400MHz频段、800MHz频段。

② 双工间隔：10MHz（400MHz），45MHz（800MHz）。

③ 载频间隔：25kHz。

TETRA数字集群系统是以TDMA技术为基础而形成的集群移动通信系统，其载频间隔为25kHz，一个载频信道上有4个时隙，且每个时隙都具有语音通信和数据通信功能。这在一定程度上提高了频谱资源的利用率。

2.TETRA系统标准及特性

TETRA语音+数据、TETRA分组数据优化及TETRA直接模式通信是TETRA系统所具备的3个普通标准。此外，TETRA系统还具有多项辅助性标准，如语音编码器、TBR和SIM卡及符合性实验等。一台设备可设计一个标准，也可根据需要设计多个标准。同时，为了提高TETRA系统的灵活性，还可对标准进行变通处理，以强化TETRA系统的功能性。

（1）TETRA系统标准

① TETRAV + D。TETRAV + D标准是一个能同时满足语音、数据及图像通信的多媒体无线呼台，其数据传输率最高可达28.8kbit/s。TETRAV + D标准是以TDMA系统为基础，各射频信道间隔为25kHz，每一信道分4个时隙，且每个时隙都能提供独立的语音通信、数据通信及图像通信功能，同时也支持分组数据通信。TETRAV + D结合单个移动台，在减少阻塞、排除干扰的基础上极大提高了数据的传输效率。

② TETRAPDO。不同于TETRAV + D标准的数话兼容模式，TETRAPDO只支持数据业务。其主要应用范围包括电子信箱、媒介信息、计算机文件传输及快速管理和快速调度等方面。与TETRAV + D标准相同的是，TETRAPDO所使用的系统也是TDMA系统，且信道频率都为25kHz，但射频信道所包含的4个时隙主要是以宽带和高速数据传输为主。此外，TETRAV + D标准和TETRAPDO标准的物理无线平台是相同的，这就意味着两者的调制及工作频率也是相同的，但两者并不能进行互操作，是因为它们物理层的实现方式存在差异。

③ TETRA DMO。当移动台处于网络覆盖范围外，或在覆盖范围之内，但需要安全通信时，可采用TETRA DMO 方式，实现移动台对移动台的通信。TETRA DMO是在移动台处于网络搜索范围内，需要安全通信时用于提供移动直通的业务，通过网桥终端就可以在OSI第3层注入TETRA DMO工作模式，以提供集群方式与直通方式的相互转换。该标准保证在OSI的第1层通信信道兼容，这种既可接入集群系统又可直通的传输模式称为“Dual Watch”。采用V + D、PDO、DMO的公共第三层协议可确保在OSI第3层上互操作。

（2）TETRA系统标准的特性

① TETRA系统的技术特性主要体现在信道间隔、调制方式、语音编码速率、用户数据速率、调制信道比特率、数据速率可变范围及接入方式和接入协议等方面。如TETRA系统的调制信道比特率为36kbit / s，调制方式为π / 4-DQPSK，用户数据速率为每个时隙7.2kbit / s。

② 消息集群、传输集群及准传输集群是TETRA标准下的3种主要集群方式。首先，消息集群是采用按需分配的方式，在用户进行通信时，控制中心会专门为用户分配一条固定的信道，在通话结束后，该信道会有6s至10s的保留时间，保留时间从用户松开PTT开关时起算，如果该用户在保留时间内再次申请通话，那么系统仍保持原来的信道分配，当超过保留时间时，该信道将会自动“脱网”，进而再重新分配给别的用户使用。在消息集群方式下，频谱的利用率相对较低。其次，传输集群方式是以一种动态分配的方式配置通话信道，这种方式下的频谱利用率高，但频繁更换信道可能导致通话不连续。通信双方以单工或半双工方式工作时，在按下PTT开关后，系统会自动分配空闲信道，在第一个消息发送完毕后松开PTT开关，基地台控制器会收到“传输完毕”的指令，进而将该信道转为空闲信道以分配给其他用户。最后，准传输集群是在消息集群和传输集群的基础上，缩短信道保留时间同时增加用户在每一条消息发送完毕后松开PTT的时间，这种方式不仅弥补了消息集群和传输集群的缺点，还在保证通话完整的基础上提高了信道的利用率。

③ TETRA标准的频谱范围由VHF的150MHz到UHF的900MHz，其收发频率间隔受频谱范围的影响。在150MHz时，收发频率间隔为10MHz，在900MHz时，收发频率间隔为45MHz。这体现出了TETRA标准频谱资源的灵活性。

④ TETRA系统中的各种参数，如呼叫建立时间、邻道功率及基站RF功率等都是采用大区制标准设计。总体来说，TETRA系统的设计较为规范，其中移动台RF功率有1W、3W、10W和30W。

⑤ TETRA标准定义了6个无线电网络接口标准，其中包括移动台（包括有线终端）与终端设备间的终端接口、直接模式无线电空中接口、系统间接口及无线空中接口等。这6个基础网络结构可确保网内操作互联，实现基础的网络管理。

3.TETRA系统的网络结构

TETRA数字集群移动通信系统不仅适用于大、中、小容量系统，还可以用于共用集群通信网的设计及专用调度。此外，它还具备空中接口加密、端对端加密及支持直通车工作方式的功能。

（1）单交换中心数字集群移动通信系统基本组成　数字集群移动通信系统主要由有线台、基础设施及移动台构成。用户经常使用的是有线台和移动台。

有线台就是将网络基础设施通过有线的方式将设备连接起来。移动台按业务划分为数据终端和语音终端，其中语音终端是由终端设备单元以及移动终端单元组成，其主要负责用户终端业务和承载业务，而数据终端只包含移动终端单元，只提供数据承载业务。

移动台按工作方式划分为集群移动台和双模移动台，集群移动台只适用于集群方式的移动台，而双模移动台又称为双监控移动台，其不仅适用于直通方式的移动台，还适用于集群方式的移动台。

（2）多交换中心集群系统基本组成　当基站比较少时，通常采用一台交换控制设备进行交换。当基站数量较多、覆盖面广以及业务量较大时，通常采用多台交换设备进行交换，各交换设备之间经常采用星形、环形、网形以及树形的连接方式，这样有利于网络连接。

4.TETRA系统无线传输特点

（1）信号特性　调制特性：采用π / 4-QPSK调制，滚降因子为0.35，调制信道比特率为36kbit / s；无线工作方式：每个载波有4个时隙（物理信道）的TDMA接入；TDMA结构的基本单位是一个持续14.167ms的时隙，以调制速率36kbit / s传输信息。

（2）V + D的信道复用　逻辑信道：一个逻辑信道定义为两个或多个部分之间的逻辑通信途径。逻辑信道可分为两类：工作于电路交换模式的携带语音或数据信息的业务信道（TCH）和携带信令信息和分组数据的控制信道（CCH）。业务信道携带用户信息、语音和数据，在不同的数据信息速率传输下，使用不同的业务信道。控制信道携带信令信息和分组数据，其中有广播控制信道、线性化信道、信令信道、接入分配信道等，有关细节就不在这里展开。

（3）物理资源　TETRA标准的显著特点是其频率资源的灵活性，频谱范围从150MHz到800MHz，收发频率间隔为10MHz（800MHz时为45MHz）。对部分无线频谱的指配构成无线子系统的物理资源，该指派应在频率和时间上划分。频率应由RF信道划分，时间应由时隙和TDMA帧划分。RF信道定义为RF频谱的一个特殊部分，下行链路（DL）包括用于从基站（BS）到移动站（MS）方向的无线电（RF）信道；上行链路（UL）包括用于从MS到BS方向的RF信道。TETRA的RF载频间隔为25kHz，上行和下行频带分为N个RF载频。为确保服从来自带外的无线调控，在上行和下行频带两侧各有一个kHz级别的防护带。

（4）物理信道　每对无线频率提供4个物理信道。物理信道有3种：① 控制物理信道：只携带CCH的物理信道，又分为主控信道（Main-CCH）和次控信道（Sub-CCH）。每个小区中应有一个RF载波被定义为主载波。一旦Main-CCH被使用，它必须位于主载波的第一个时隙。Sub-CCH可以用来扩展Main-CCH的信令容量。② 业务物理信道：携带TCH的物理信道。③ 未分配物理信道：未分配给任何MS的物理信道。

5.TETRA系统的号码结构

在一个TETRA系统中，识别用户身份是通过识别码来实现的。根据识别码代表意义的不同，有TETRA个人用户识别码ITSI和TETRA用户组识别码GTSI，码长均为48bit。顾名思义，ITSI是用来区分不同用户的，GTSI是用来区分不同用户组的。这两种码也都有各自的24bit短识别码、个人短用户识别码ISSI和短用户组识别码GSSI。

在TETRA系统中，每个用户会有一个号码簇，这个号码簇应包括一个ITSI码和几个GTSI码。同时，TETRA标准也规定一个ITSI码可以对应几个GTSI码，一个GTSI码可以分配给几个ITSI码。需要强调的是，ITSI码是系统中唯一标识用户的识别码，一旦分配，将很少改动。而GTSI码则能根据需要动态变化。根据TETRA标准，ITSI和GTSI由国家代码MCC、网络代码MNC和ISSI码或者GSSI码中的SSI三部分组成。前24bit为国家和网络代码，MCC为10bit，MNC为14bit。后24bit为SSI码，用来定义TETRA网络的用户地址。

三、集群通信技术应用

1.集群通信技术在城轨中的应用

城市轨道无线通信系统不仅以网络信息为基础，还集数据、图像及语音为一体。该系统主要由列车车场管理系统、自动控制系统、行车调度系统、维修调度系统、公安调度系统和环控调度系统等组成。

（1）技术适应性　行车调度子系统主要是为了方便列车调度员、车站值班员与站台值班员之间，机车司机、停车场运转室值班员及车站值班员之间进行沟通，这样有利于列车运行。公安调度子系统主要是为了方便公安调度员与车站公安值班员以及公安外勤人员之间进行沟通，从而维护正常和非正常情况下车站的秩序。环控调度系统主要是为了方便事故防灾调度员、车站防灾员与现场指挥人员进行沟通，这样才能更好地处理事故抢险及防灾救灾等工作。车场管理子系统主要是为了方便信号楼值班员、停车场运转值班员以及场内作业人员之间进行沟通，这样才能满足车辆维修以及列车调车等需求。维修调度子系统主要是为了方便维修值班员与现场维修人员之间的沟通，这样有利于设备的维护。之所以能够满足这些需求在于数字集群通信技术对城轨运行特点的适应性，具体包括如下。

① 在列车行进的途中，可以通过TETRA数字集群系统实现数据传输功能，实时地向控制中心报告列车的车速、列车风压、机车设备状态以及列车位置等数据，让控制中心了解列车运营的具体情况。调度员为了列车行进的安全，也会将这些数据发送到列车上。

② TETRA数字集群系统通话不仅具有设置优先级的特点，还具有直通模式以及入网时间短的特点，这些特点有利于实现行车调度通话。为了行车安全的考虑，可以将行车调度电话设置为最高级别，这样就可以保证调度与司机的通话实现快速的接入，与此同时，不受区域的影响，还能保证通话的连续性。直通模式可以使司机和车站值班员直接进行通话。然而模拟集群方式不具备以上特点。

③ 当事故发生时，TETRA数字集群通信系统就会利用动态重组功能，将救援车辆和救援人员组成一个临时通话小组，这样有利于救援工作的进行。

④ 当事故发生时，调度员可以通过TETRA数字集群通信系统在列车上进行广播，方便旅客的疏散。

⑤ 具有交换功能，当PABX或PSTN与ETRA数字集群通信系统进行连接时，可以实现与有线用户的互联。

（2）具体应用领域

① 行车指挥系统:不仅负责指挥中心行车调度员与机车司机之间的通信联系，还负责传达数据指挥命令以及行车指挥语音。行车调度员通过选号呼叫的方式在调度台完成对司机的呼叫。当列车出站时，行车调度员需要将列车相关信息发送到调度台。行车调度员可以将列车的车速、机车设备状态、列车风压及列车位置发送到控制中心。

② 工务维修系统:主要是方便工务工区对沿线工务移动人员的调度通信（采用组呼方式）、工务调度员对全体工务人员的调度通信（采用广播呼叫方式）、工务调度对沿线工务工区的调度通信（采用组呼方式）等。

③ 其他维修系统:主要是为了实现各专业调度员与本专业维修人员之间的沟通。

④ 数据业务:是指在列车行进过程中，需要不断地向控制中心发送列车的车速、位置、列车风压以及机车设备的状态等信息，这样控制中心就可以实时掌握列车的信息。与此同时，调度员也需要向列车发送相关数据信息，以确保列车的安全运行。在一些偏僻的地区可以用无线集群电台代替光缆传送数据，这样控制中心也可以接收到列车的实时数据。

⑤ 列车广播系统:当列车遇到事故时，调度员可以通过无线系统进行广播，从而有利于旅客进行疏散。

⑥ 紧急事故救援小组:当列车遇到事故时，借助TETRA数字集群通信系统的动态重组功能，可以将救援人员及救援车辆组成一个临时通话小组，在事故现场进行紧急救援。

2.城轨TETRA网络规划

（1）基站配置方案　根据城轨线路和车站的分布形状及无线通信系统对整个服务区的覆

盖要求，结合TETRA数字集群的特点，无线通信系统基站配置可采用以下方案。

① 单基站+光纤中继器。在控制中心设置一个集群基站，各车站和车辆段设置中继器，集群基站通过光纤与各中继器相连。其特点是没有越区切换问题，工程造价较低。但是由于在一个区域内要配置足够多的通信载频，其缺点是频率资源利用率低、可靠性较低，还存在多径干扰的可能场点较多，扩容受到限制。

② 多基站+中继器。采用多个基站和每个基站连接适量中继器的结构。由于多基站覆盖可以重用部分通信载频，可提高频率资源利用率，话务分布也较为均匀，能较好地满足群组通信的需求，越区切换频次较少，干扰较小，系统可靠性较高，扩容灵活方便。多基站方案中连接中继器可采用同轴泄漏电缆或光纤连接（通常利用城轨光纤传输网）两种方式。同轴泄漏电缆连接方式具有节省设备、降低投资、提高可靠性、减少传输时延小等优点；但由于采用泄漏电缆进行基站射频信号的发送，再加上作为中继器的引入信号易受到干扰，故存在信号质量较差、基站与中继器的距离受限制较大等缺点。基站与中继器之间采用光纤连接方式，具有信号质量好、距离受限制较小、配置灵活等优点。

③ 全基站。在每个车站均设置集群基站。其特点是系统通信质量好；可靠性高、频率资源利用率高（载频可以隔站复用），没有中继器延时及噪声积累的问题、扩容方便。但其工程造价较高，越区切换频次增高。

（2）射频覆盖方案

① 频率配置原则，要尽可能降低和减少各种类型的频率干扰。频率干扰的类型有同频干扰、邻道干扰、互调干扰等。频率配置应考虑如何降低和减少这些干扰，特别是三阶互调干扰。具体要点如下。

第一，为降低和减少干扰的频率配置，特别是三阶互调干扰，频率配置通常采用无三阶互调频率指配或等间隔频率指配法。由电路非线性的三次项所产生的三阶互调，在频率上必须满足：二信号（载波）三阶互调（或A型三阶互调）$2F_i-F_j=F_z$、三信号（载波）三阶互调（或B型三阶互调）$F_i+F_j-F_k=F_z$。三阶互调干扰系指，只要二信号或三信号互调所产生的新频率F_z正好落在本系统或其他系统的某个工作频率或其通带内，就构成对它的三阶互调干扰。

第二，在集群通信中，通常采用ITU / CCIR901报告所建议的互调最小的等间隔频率指配。其中800MHz集群通信系统占用806～821MHz（移动台发、基站收）和851～866MHz（基站发、移动台收）两段频率，收发间隔为45MHz，每段15MHz，每个载频间隔为25kHz，共600个载频。600个载频（15MHz频段中）又分为三小段，每小段200个载频。每200个载频按CCIR的901报告所建议的互调最小的等间隔频率指配。

第三，为提高载频利用率，在移动通信系统中，通常采用多小区频率复用技术。在链状网（如铁路、公路）中，通常采用三频组频率复用方式，以提高频率利用率，并尽可能减小同频干扰的影响。城轨工程中主要采用泄漏电缆的方式在轨道线路上覆盖了无线场强，因此无线场强可以得到很好的控制。根据泄漏电缆的特性，远离泄漏电缆后的场强衰减很快，基本上按照10dB / 10m的斜率（速度）衰减，很容易满足TETRA标准所规定的共信道（同频）干扰≥19dB的指标，完全可以采用二频组复用方式（隔站载频复用），进一步提高载频的利用率。

第四，避免相邻基站之间任意三对载频构成等间隔关系，以免产生三阶互调干扰。例如工作在基站2、载频为f_3的移动台远离基站2，有用接收信号f_3变得较弱，但该移动台同时离基站1很近时，就有可能受到基站1的载频f_1和f_2强信号所产生的三阶互调产物的干扰。故城轨运营公司从当地无线管理委员会申请到频点（往往为等间隔频率指配的一个小组或一个中频）后，需合理配置各基站载频，使各载频间的频率干扰为最小。

② 泄漏电缆：它是一种特殊的电缆，电缆铠装的开孔结构使得射频信号能够从电缆中均匀地泄漏出来，实现无线信号沿泄漏电缆的均匀覆盖。泄漏电缆是实现城轨隧道区间无线信号覆盖的首选。

③ 天线：实现高频电能与电磁波的相互转换，即将射频电流送发天线，转换为空间电磁波，或空间电磁波在接收天线中感应出射频电压。城市轨道交通无线通信系统主要使用以下五种天线：棒状天线（全向天线），主要用于车辆段等较大范围的地面区域；耦合天线（全向天线），主要用于站厅层或其他面积较小的区域；八木天线（定向天线），主要用于覆盖某些有特殊要求的区域，如正线上某一段轨道区域；鞭状天线（全向天线），主要用于手持台收发天线；圆盘天线（定向天线），又称吸顶天线，主要用于站厅、出入口以及无线车载台收发天线。

④ 无线场覆盖范围：包括城轨运行线路全线各车站的站台、站厅、区间隧道或地面及高架线路，以及整个车辆段地面区域（含检修库、运用库等）。沿线隧道、地面、高架运行线路及沿线地下车站的站台区主要采用泄漏同轴电缆辐射方式进行场强覆盖；沿线地下车站站厅区（含部分出入口通道）主要采用吸顶低廓天线进行场强覆盖；车辆段、停车场主要采用室外全向天线及低廓天线进行场强覆盖。

（3）系统同步方案　为了保证TETRA集群通信网内各用户之间可靠地进行数据交换，还必须实现系统同步，使得在整个通信网内有一个统一的时间节拍。通常有以下两种同步方式。

① 主从同步方式：在控制中心设置一个高稳定的主时钟，时标（标准时间）信号经传输网络依次传至各站，去锁定各站的压控振荡器（VCO），从而保证网内各站频率相同。通常TETRA系统的交换中心自身具备时钟源，其可以产生10^{-9}的高稳定时钟信号，网内各个基站都以控制中心发来的时标信号为基准调整各自的压控振荡器VCO，从而与主时钟保持一致。主从同步的特点是简单、灵活，但只要中间某一站点发生故障，不仅影响本站还影响后续各站。对于大型网络，由于失锁后重新同步的时延较长，主从同步方式受到制约。

② 独立同步方式：以全球定位系统（GPS）的信号为基准时钟源，该基准时钟信号的精度为10^{-10}数量级。以该时钟源为基准，调整各基站的压控振荡器VCO，从而使全网

保持时钟一致。在独立同步情况下，系统中的每个基站需额外配置GPS天线和GPS接收机，以获取基准时钟信号。独立同步的特点是：某一站发生故障时，其他站仍能正常工作，提高通信网的可靠性，但需增加GPS接收机及其与基站的接口，使设备复杂化。同时，因GPS是外部时钟源，若GPS信号接收得不准确，同样影响同步的可靠性。

（4）无线集群终端　无线集群终端包括车载台、车站台和手持台。城轨列车的两端驾驶室都有一台车载台。该车载台主要由控制接口电路、话筒、天线、控制面板及无线收发信机构成。无线收发信机控制接口电路需要安装在一个固定的位置上，天线安装在车顶的位置上，而司机座位的左边和右边分别安装控制面板和话筒。这样在遇到问题时，司机就可以操作控制面板上边的按键，通过话筒向外界发话，并通过扬声器进行收听。

因为自动列车监控系统（ATS）与系统是相互连接的，所以控制面板显示屏会及时显示列车的车次以及当前所处的位置。每个车站的车控室都有车站台。车站值班站长必须经过车站台及联系才可以与司机进行通话。手持台主要分配给维修人员、站务人员以及保安人员等，这样就可以及时接收到调度的通知。这些集群终端的通信功能主要包括一般呼叫、调度员通过车载台对列车进行广播、紧急呼叫、短信收发及组呼等。

（5）用户组配置　无线集群通信系统主要采用组呼方式，进行列车运行和车辆维修调度指挥作业。故用户组（通话组）配置是否合理，将影响到调度指挥的有效性和及时性。对于数字集群通信系统而言，其组呼功能考虑得非常周全，以下通过常用的城轨用户组配置进行说明。

在城轨集群通信系统中，可以组成行车调度网、车厂调度网、维修调度网、环控调度网、保安调度网等5个互相独立的调度专网。在行车调度网中，具有行车调度台，以及该调度台所隶属的正线运营列车车载台、车站固定台、车站人员手持台、工程车司机手持台。在车辆段调度网中，具有车辆段调度台，以及该调度台所隶属的列车车载台、车辆段人员手持台、工程车司机手持台。在维修调度网中，具有维修调度台，以及该调度台所隶属的维修人员手持台。在环控调度网中，具有环控调度台，以及该调度台所隶属的环控人员手持台。在公安调度网中，具有公安调度台，以及该调度台所隶属的公安人员手持台。这些用户配置是针对各个调度的调度指挥对象类别来定义的，只定义调度台下属用户的类别，实际上调度员与这些用户的通信是通过呼叫这些用户的组别来实现的。

可以按通信对象划分通话组。行车调度网按通信对象可划分为正线运营列车组、站长组和车站组、工程车组、行车安全组；车辆段调度网可分为车辆段列车组、车辆段管理组和车辆段维修组；维修调度网可分为设备抢修组、维修管理组、通号、机电、工建、供电等专业维修部分组；环控调度网可按正线区段分组为所有联锁站小组、各区间小组，也可根据集中供冷功能的需要按供冷区段分组，公安调度网根据公安工作的需要可分为巡查小组和紧急事故处理小组，也可按线路区段分为所有联锁站小组、各区间小组和车辆段小组；动态分组是以上各调度台下属各小组及用户根据临时工作需要，由维修调度员操作临时派接为一组，临时工作完成后，再由维修调度取消。

也可以从调度台和各种用户的无线通信功能需求来考虑的各用户组别配置及其功能。对于车载台来说，每个车载台设为一组，每列车的前后驾驶室编在一起。列车调度台全呼正线列车组有两种方式的组别：第一种为ATS正常时，行调使用调度台用全呼功能键实现正线全呼；第二种为ATS不正常时使用，通过将行调台和所有车载台设置一个正线全呼组，并把这组定义在正线区域的基站设为有效站点，车辆段基站设为无效站点。行车调度台或车辆段调度台群呼部分列车，通过调度台的派接功能，临时把部分列车编在一组。车载台与车站台之间的呼叫通过组呼实现，系统按基站来设置对应组。

对于车站台来说，每个车站台设置为一个单独的组；每个车站台设置一个本站组，同时本站的所有手持台都设置于此组；所有的车站台和行车调度台设置为一个车站台全呼组；所有联锁站的车站台设置为一个组；车站台和所有车载台设置为一个组；车站台设置一个站务环控内部组；群呼部分车站台，通过调度台的派接功能，临时把部分车站台编在一组，调度台可通过此派接组发起群呼。

（6）城轨集群系统运行方式　根据城市轨道交通运营需要，集群调度系统可采取如下运行方式。

① 调度台呼叫下属用户。只需在调度台人机界面上选中该移动台的名称；系统通过CAD服务器可以将它转变为系统的无线标识号，经中央控制设备处理后传输到用户注册的基站，经泄漏电缆或天线发射出去；移动台接收到控制信号进行比较，如证实是呼叫自己，则接通振铃；用户按通话键即可建立通话。此为单呼（私密呼叫），调度台发出组呼叫，被呼组内用户不经振铃与任何操作，可直接听到调度员讲话或同组用户（按PTT键）的讲话。

② 移动台呼叫调度台。一种方式是向调度台发出呼叫请求的短信息，调度台收到此短信息再回叫该用户；另一种方式则是移动台单呼调度台。

③ 手持电台之间组呼。手持电台之间组呼可有三种方式，本组内的组呼：只需把移动台的组选择旋钮保持在本组组号旋钮位，按下PTT键即可进行组呼，本组用户无须任何操作，即可听到发起组呼用户的讲话；呼叫另一组用户：需把组选择旋钮调到对方组号旋钮位，按PTT键即可进行组呼，实现此种通话的前提是本机应先设置对方组号；保持在本组号旋钮，利用扫描功能可监视到其他组用户的呼叫，前提是移动台应先设置扫描功能。

④ 移动台单呼移动台。移动台单呼另一移动台，如果两移动台拥有私密通信的权限，则拨出对方ID号或预编好的对方别名发出呼叫都可呼叫对方。

⑤ 车载电台呼叫车站用户。车载电台呼叫车站用户（车站台或车站内手持电台）可采取三种方式：把车载电台的组选择旋钮调到要呼叫的车站组，按PTT键通话即可；车载电台私密呼叫车站台；把所有车站台设于同一组中，所有车载电台设置此组号，不需呼叫车站台时车载电台调到自身组中，需呼叫车站时调到这一组中（这种方式会令车载电台呼叫所有车站，从而影响到无关车站的工作）。

⑥ 车站用户呼叫车载电台。车站用户（车站台或车站内手持电台）呼叫车载电台采用两种方式：a.把所有车载电台设于同一组中，所有车站台和手持电台设置此组号，不需呼叫车载台时调到本站组中，需呼叫车站时调到这一组中，这种方式会呼叫所有车载电台，影响其他的车载台。b.所有车载电台设优先监视和扫描功能，而且在车站台或手持台设此组号，当车站需呼叫列车时先选择此组旋钮，按PTT键呼叫，车载电台监视到呼叫后退出当前的呼叫转向扫描功能接受呼叫。此种方式因扫描功能只在该站点的所有业务信道上扫描，所以只影响到本基站内的列车车载台，是城市轨道交通中应用的最优/首选方式。

3.集群通信技术在消防无线系统中的应用

（1）集群通信技术在消防无线系统中的描述　以上海地铁的消防系统为例，该消防无线引入系统在地下各个车站分别设置基站（3对异频频点），对地铁出入口附近主要道路、地下主变电站、站厅层、站台层及区间隧道范围内的手持台进行异频信号本地转发，其中1对异频频点用于消防指挥员信道通信，另外2对用于战斗员信道通信。

在控制中心通信机械室设置1套系统控制器，负责车站转发基台设备与控制中心设备的通信联系；在控制中心通信网管室设置1套系统监视终端，负责对车站转发基台的工作状态和故障情况监视，并具有故障告警功能；控制中心调度大厅设置1台控制台，对车站转发基台的工作状态进行远程遥控；车站转发基台和地铁控制中心系统控制器之间通过通信传输系统提供的RS422点对点的传输通道进行数据通信。以上在控制中心设置的所有包括系统控制器、网管终端和控制台等设备的软件和硬件，均能够接入、管理和控制正线各站范围内的系统设备。

无线信号利用消防的分合路平台进行信号的分配，在站厅层及侧式站台采用室内天线进行覆盖；在岛式站台和区间隧道采用漏缆进行覆盖；在车站地面出入口或新风井附近采用室外天线进行覆盖。

（2）集群通信技术在消防无线系统中的功能说明

① 当本系统工程范围内的某个地点发生火灾时，（通过车站异频转发基台的本地转发）实现火灾车站出入口附近主要道路0站厅层、站台层及区间隧道范围内消防指挥员之间和消防战斗员之间的通话呼叫。

② 车站转发基台具有本地和远程的转发开启 / 关闭功能，本地操作具有最高优先级。

③ 控制中心的系统控制终端可根据消防救援需要，实时控制车站转发基台的开启和关闭，控制方式包括单个车站、相邻3个车站或全部车站的控制及状态反馈的功能。

④ 基站能通过无线的方式接收DTMF编码信号，将本站指定的信道机转发功能关闭。

⑤ 系统监视终端可实时监视车站转发基台的工作状态，定期对故障情况进行定性检测，并具有故障告警功能。主要检测内容包括：a.基台的工作状态（开启 / 关闭、接收、转发）；b.发信机的发射功率；c.发信机的驻波比；d.电源单元是否正常；e.基台与通信传

输系统的通道连接是否正常；f.授权人员可在检修状态下控制车站基台的开启/关闭，控制优先级别低于控制台。

⑥ 系统监视终端可对车站转发基台的检测结果进行报表统计，根据需要可打印输出统计，结果可根据事先约定，通过传真、电话或其他方式传送至市119消防指挥中心。

⑦ 监控终端包括：a.系统的维护监控终端设于控制中心网管室内，不作为主系统设备运用，即该类设备停机、脱离系统不影响系统设备所有功能正常运用；b.系统的维护终端和监控用的计算机统一品牌，采用国外知名优质品牌的工业级原装微机、19in液晶显示屏和打印机；c.子系统监控终端设备和监控单元/模块均设置进入权限（不少于3级）和密码以识别不同的（不少于10个）操作人员。系统监控终端实时在线使用，如果强行退出，会丧失功能及丢失故障和事件记录，因此需密码确认后方可退出。

⑧ 利用各车站配置的手持台，可人工进行场强覆盖和通话质量的检测。

（3）集群通信技术在消防无线系统中的单体模块

① 控制中心设备。主要包括：a.系统控制器，实际上它是一个以太网交换机，将控制台、网管终端、数据汇接单元、综合监控设备接口组成的局域网；b.数据汇接单元，它是一个32路RS422转TCP / IP协议的转换设备，2号线20个车站的基站设备各自通过点对点RS422传输通道连接到数据汇接单元，转换成TCP / IP协议后与系统控制器连接，控制台、网管终端通过系统控制器访问各个基站设备；c.控制台，它是两个带嵌入式操作系统的以Onboard VIA Eden V 4（1GHz）为核心处理器的工控机，采用工业级触摸屏（12in）设计，低功耗，无风扇，安装灵活方便，结构紧凑，便于调度员对各基站的控制操作；d.网管终端，它采用工控机设计，安全可靠，用于全系统的监控以及从上层网获取系统时间。

② 消防无线基站设备。主要包括：a.信道机，它采用高品质双工中继台，结构坚固，运用现代化的PLL技术，结合温度补偿晶振，具有良好的稳定度和准确度，输出功率5 ~ 40W可调，适用于各种不同的系统；b.射频检测单元，它可定性检测三个信道机的发射功率和射频端口输出的驻波比；c.控制单元，它采用大规模集成电路、微机控制，具有集成度高、体积小、结构紧凑、可靠性高、维修方便的特点，且功能齐全、指示明显、操作方便，具有信道机控制、射频检测单元连接与控制中心通信等功能，并且预留一个RS422接口，控制单元是基站设备中的重要单元；d.电源单元，它是AC-DC转换设备，最大输出13.8V/15A，性能稳定可靠，用于给控制单元、射频检测单元、数据单元供直流电；e.消防分合路平台，它采用无源设计，具有插入损耗小、隔离度高、互调干扰小的特点。

③ 干线放大器选用直放站方式。直放站是一种透明双向放大射频信号的设备，能够同时放大基站到移动站的下行信号和移动站到基站的上行信号。射频直放站是指经主天线接收信号放大后通过服务天线发射，反向亦然的一种直放站。它通常按实现方式的不同分为宽带、选带、频移三种射频直放站。本系统选用宽带射频直放站。干线放大器通

过射频馈线，将来自其他线地铁消防设备的下行信号放大后输出到消防分合路平台，同时通过射频馈线，将来自消防分合路平台的上行信号通过射频馈线输出到其他线地铁消防设备。

4.集群通信技术在公安无线系统中的应用

为了满足轨道交通公安无线引入通信需求，更好地为上海市公安实战指挥调度、社会治安控制和安全保卫工作服务，在全线地下车站及区间隧道设置公安无线引入系统，将地面TETRA 350MHz数字集群信号引入地下车站和区间隧道，可以有效地提高轨道分局通信指挥能力、决策分析能力和快速出警能力，有效遏制地铁内的违法犯罪活动，提高分局处置突发事件的能力。

（1）集群通信技术在公安无线系统中的功能

① 通话功能。根据轨道公安的业务模式以及后期地面警务人员进入地下的原则：系统在支持独立的轨道通话组的同时，也支持在地面电台到地下空间与地面的正常通话；满足地下通话组呼叫地面通话组的功能；满足入网到地下基站的电台用户和调度中心的正常通话，以及调度中心和入网地下用户的正常通话；电台用户通过市局交换中心与有线用户的连接采用自动转接的方式（有通话权限的限制）；通话具备不同级别的设置，具有强插和强拆功能。

② 漫游功能。在系统管理终端登记合法授权后，系统中的电台用户可在轨道交通地下网及地面公安TETRA 350MHz数字集群网内实现自动漫游。

③ 系统数据传输功能。系统支持话音优先、断电续传功能，还支持多时隙的捆绑分组数传及多个分组数传用户同时在一个信道上进行分组数传。单时隙分组数传可支持的最大速率为7.2kbit / s；多时隙捆绑分组数传可支持的最大速率为28.8kbit / s。分组数传支持语音优先、断电续传功能。

④ 单站集群功能。基站进入单站集群工作模式后，会定时通过文字和提示音告诉用户此时工作在单站集群模式。当基站恢复广区集群时，也会通过文字和提示音告知用户。当单站集群基站周围有广区集群基站重叠覆盖的，用户机将优先漫游至广区基站内。

⑤ 故障弱化功能。a.无线信道分配：多信道数字集群系统具有相当高的可靠性。按需分配信道的使用时，所有用户台不需要依赖任何指定的信道通话。任一信道机出现故障时，不会被用户察觉。如果某一话音信道故障，站点控制器就不再分配该信道给用户台使用。b.备用控制信道：如果控制信道出现故障，站点控制器就指定另一个备用的信道机作为控制信道。c.中心控制器容错：TETRA系统的中心控制器具有双备份的主要控制器模块，一旦中心控制器中发生某种故障，后备的硬件就会自动替补，维持系统正常工作。d.单站集群功能：系统交换中心的中心控制器或传输链路出现故障时，各数字基站能够自动切换至故障弱化模式，在这种模式下，基站为其所覆盖的所有用户提供单站集群功能。e.备用无线链路系统功能：在系统有线E1链路故障时，检测到基站处于单站集群状态后，启动备用无线链路系统，通过地铁出入口处安装的室外链路天线同公安地面350MHz无线集群基站进

行基本语音通信，由地面主基站进行转发，建立相应的话音通道。

⑥ 网管功能。系统可以通过市局网管和轨道网管（具有相关权限时）实时对地下各基站的站点参数信息、工作状态、故障信息等实时监测。以方便对地下车站数字基站单元的维护管理。

⑦ 兼容性。系统满足数字集群标准信令规范，符合公安部要求。能实现地面350MHz数字集群系统与地下TETRA 350MHz数字系统的无线漫游覆盖。当地面公安网的手台用户漫游到地下数字基站单元后，若该电台具有相关权限，即能通过该基站单元发起组呼、紧急呼叫等业务功能。呼叫对象可以是在本基站单元下的用户，也可以是相邻地下车站内的用户，或地面公安TETRA 350MHz数字集群网内的用户。

（2）集群通信技术在公安无线系统中的设备　集群通信技术在公安无线系统中由TETRA 350MHz基站、光纤直放站系统、备份无线链路设备、地下车站天馈系统、传输系统组成。各TETRA 350MHz基站通过有线E1链路与交换中心连接，组成该线路的数字集群通信网，实现地下车站公安人员间的通信。再通过轨道分局交换中心与市局地面网交换中心连接，将地下TETRA 350MHz数字集群通信网与地面TETRA 350MHz数字集群通信网互联起来，实现地下公安人员与地面公安人员间的通信。TETRA基站和光纤直放站系统为地下车站天馈系统和隧道漏缆系统提供信号源，通过各个车站的天馈系统和隧道漏缆系统将公安无线信号覆盖到目标区域。备用无线链路设备是为轨道交通地下车站内的TETRA 350MHz基站在有线传输链路故障时，通过地面天线提供电台与地面相对应基站建立无线链路的设备，具备语音链路备份和远程维护两大功能。

第二节　LTE-U技术在城市轨道交通车地通信中的应用

一、城市轨道交通车地通信中LTE-U技术的应用背景

随着我国城镇化建设进程的加快和居民收入水平的提高，城市人口迅速增长的同时，机动车数量也急剧增加，由此造成的交通拥堵现象逐步成为影响市民生活的主要障碍之一。除了最常见的公共汽车外，轨道交通的建设方案逐渐被各个城市提上日程，其中包括地铁、轻轨、单轨、有轨电车、磁浮列车和城际铁路等。同时，城市轨道交通的发展给人们的衣食住行等方面带来巨大改变，逐步成为促进城市生产力发展的重要方式之一。“为保证城市轨道交通运营安全，迫切需要整合车地无线通信生产业务的承载需求，建立基于城市轨道交通专用无线频段的车地通信系统。”

城市轨道交通以其独有的快速、便捷、舒适和环保等特性，成为市民出行的首选交

通工具，由于其大部分运营线路设在地下，因此节省了大量的土地资源，有效利用了城市地下空间和缓解了城市交通拥堵问题，成为当今城市生活中不可取代的公共交通工具。相较于其他公共交通工具，城市轨道交通因运行速度较快且大部分线路铺设在地下空间，因此，其前期建设和后期的运营维护都面临着诸多挑战，如施工空间的限制、机械控制系统的防水防潮及通信系统的信号衰落等问题。

城市轨道交通因其运行速度快、车体容量大、发车密度高等特点，一经投入运营就成为人们出行的首选交通工具。由于和民众的出行息息相关，城市轨道交通的安全高效性能一直以来备受关注，这也给保障其安全运行的信号系统带来了巨大挑战。作为城市轨道交通列车自动控制系统（ATC）、视频监控系统（IMS）、乘客信息系统（PIS）、列车运行状态监测、集群调度业务等信息的传输基础，车地无线信号的可靠性极大地影响城市轨道交通运行的安全性和高效性。城市轨道交通车地通信系统随着通信技术的发展逐步提高和完善，目前主要采用基于通信的列车控制系统（CBTC）实现其运行控制。

免授权频段长期演进（LTE-U）技术为因大量数据传输造成频谱资源紧缺问题提供了一种全新的解决方案——借助免授权频段传输数据。随着近年来微波通信的发展，LTE-U技术的应用也逐渐成熟。因此，研究采用LTE-U技术在免授权频段部署城市轨道交通车地通信系统以完成数据传输过程，利用免授权频段以缓解授权频段频谱资源不足问题。LTE-U技术由时分长期演进技术发展而来，它将LTE在传输速率和时延方面的优势拓展到了免授权频段，缓解甚至有望解决授权频段频谱资源有限与大量数据传输造成的更多频谱带宽需求之间的矛盾。

考虑到城市轨道交通车地通信系统对数据传输的可靠性要求较高，因此，采用LTE-U技术在免授权频段部署城市轨道交通车地通信系统的具体方案是在授权频段稳定可靠地传输CBTC控制信令的同时，免授权频段提供更大的带宽以传输PIS，IMS等业务，保障城市轨道交通安全高效运行，为乘客提供更舒适的乘坐体验，同时，更好地适应城市轨道交通智能化发展需求。此外，由于城市轨道交通运行速度快、运行环境复杂、对安全性要求高等特点，LTE-U技术在城市轨道交通车地通信中的具体应用还有待进一步研究。

二、基于LTE-U技术的城市轨道交通车地通信

随着智慧地铁建设的推进，城市轨道交通车地通信系统所传输的数据呈现爆发式的增长，这使得目前基于LTE-M规范的城市轨道交通车地通信系统在授权频段1785~1805MHz的20MHz频谱带宽资源很难满足城市轨道交通的业务需求。因此，利用LTE-U技术将城市轨道交通车地通信系统部署在免授权频段，以解决频谱资源紧缺的问题。

1.基于LTE-U技术的城市轨道交通车地通信系统网络架构

与传统应用的LTE网络架构不同的是，LTE-U通信系统的控制面和用户面是分离的，图5-1给出了基于LTE-U技术的城市轨道交通车地通信系统的网络架构。

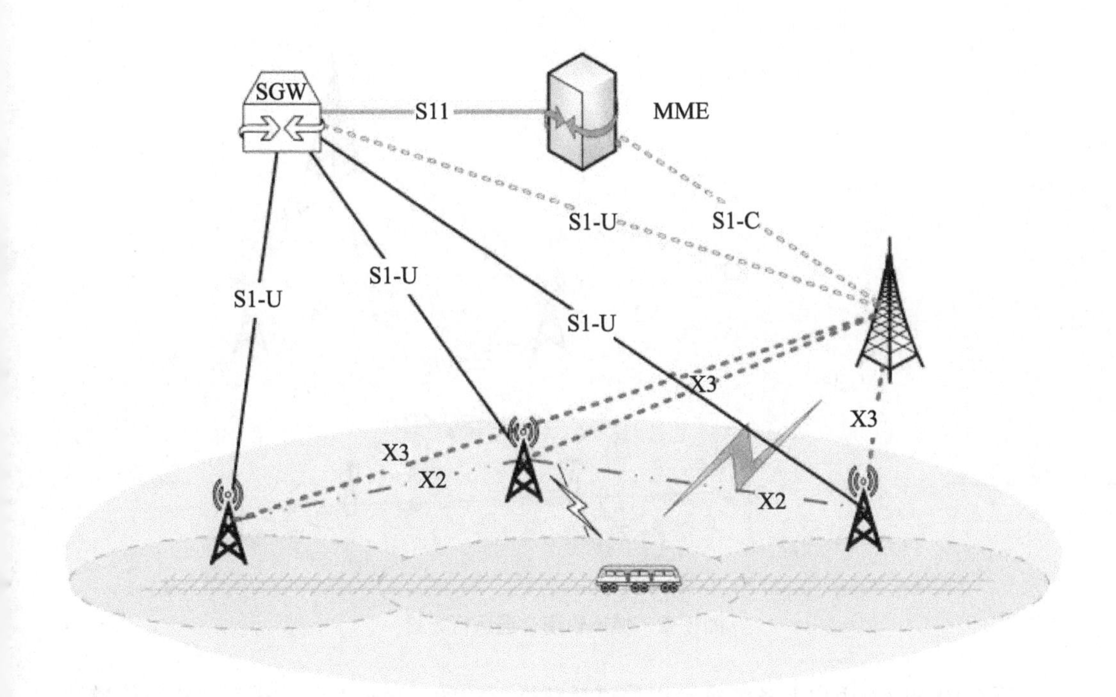

图5-1 基于LTE-U技术的城市轨道交通车地通信网络架构

LTE网络的接口协议栈主要包括物理层、数据链路层和无线资源控制（RRC）层以及控制面和用户面。基于LTE-U技术的城市轨道交通车地通信网络架构由大基站和小基站共同完成覆盖，大基站要同时完成授权频段和免授权频段的资源管理，所以其分别通过S1-C接口和S1-U接口实现与移动性管理实体（MME）网元节点和服务网关（SGW）网元节点的连接。小基站负责免授权频段的资源管理，所以通过S1-U接口与SGW相连。大小基站之间通过X3接口相连，小基站间通过X2接口相连。列车同时与大基站和小基站保持双向连接。

2.城市轨道交通车地通信系统与WLAN系统共存场景

采用LTE-U技术在免授权频段部署城市轨道交通车地通信系统的方案是以占空比为载体分别给车地通信系统和WLAN系统分配频谱资源，使两系统获得交替接入信道的机会以完成各自数据传输。由于城市轨道交通运行速度较快，相较于公网蜂窝通信，车地通信信号覆盖呈线状规划。图5-2给出了城市轨道交通的运行场景，可以看到，列车在运行过程中要完成与大小基站的通信，同时，运行场景中还包括WLAN设备，主要是便携式个人无线接入设备。

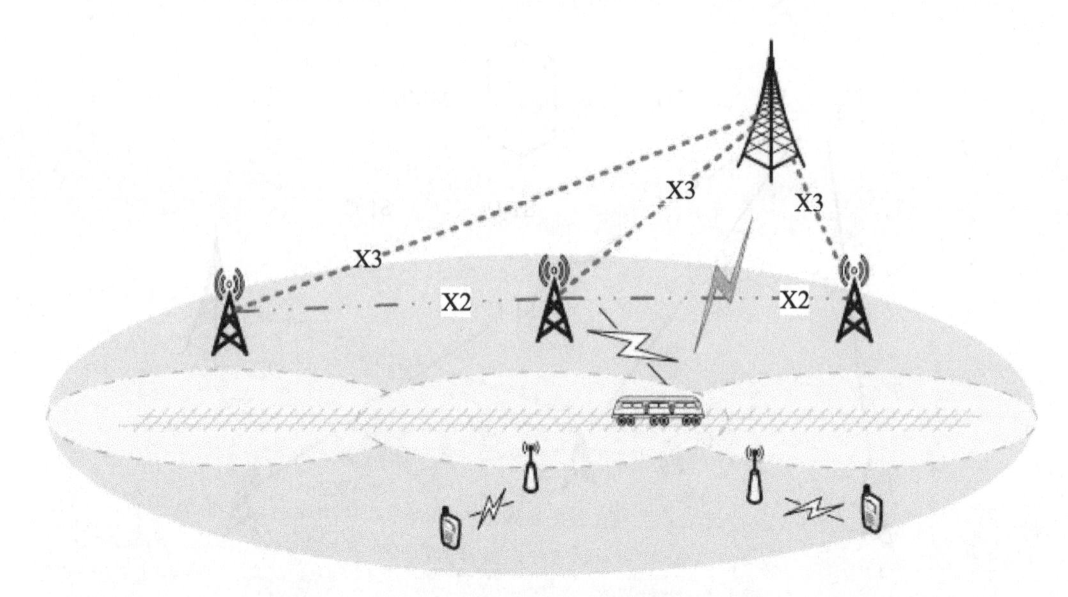

图5-2　城市轨道交通运行场景

系统中WLAN用户业务需求是以信道活跃性反映的，通过监测信道活动获得信道活跃性，监测值是信道占用的统计结果，通过空闲时隙和占用时隙的数量对比获得。

车地通信系统可以通过连续监测接收信号的能量水平以获得WLAN信道活动，也可以通过解码数据包的MAC报头获得WLAN信道活动。同时，由于WLAN业务需求具有突发性，考虑采用跨多个帧的平均操作消除其突发性。因此，可通过一段时间内的平均无线信道活动来反映WLAN业务的平均流量需求。

第三节　基于TD-LTE的城市轨道交通CBTC系统车地无线通信干扰抑制

一、CBTC列车控制系统的构成及干扰抑制的意义

因为移动互联网技术和无线通信技术的迅速发展，无线智能终端得到了普遍运用，移动互联网以及无线通信也满足了人与人之间互联互通的日常生活。基于通信的列车控制（CBTC）系统作为城市轨道交通最重要的列车控制信号系统，通过车地之间双向连续的数据传输实现了移动闭塞的列车自动控制功能，车地无线通信系统作为CBTC系统的核心，实现车地之间数据业务的相互传输。但是随着移动互联网和无线局域网的快速发展，无线干扰将造成车地通信数据包在传输过程中延时、中断、信道竞争或者通信失败，导致CBTC系统不能实时有效地收发有用信息，系统的吞吐量也会急剧下降，系统容量面临着巨大的压

力，进而影响列车的安全运行，甚至致使列车启动紧急制动功能，被迫停车。因此必须深入分析造成CBTC系统无法正常运行的无线干扰的成因，并研究行之有效的无线干扰抑制方案，从而提高CBTC系统车地无线通信的干扰抑制能力以及系统的通信性能。

CBTC列车控制系统主要由三部分构成，即车载子系统、地面子系统和通信子系统。

车载子系统主要包括列车自动防护（ATP）、列车自动驾驶（ATO）和车载无线单元（TAU）。

地面子系统主要包括地面区域控制器（ZC）、计算机联锁（CI）、数据存储单元（DSU）和列车自动监督（ATS）。

通信子系统主要包括无线通信网和地面骨干网。ATS为列车提供自动监控功能；ZC主要负责接收车载控制器（VOBC）提供的列车信息，授权控制列车行进，实现车载ATP、ATO的功能；CI系统主要是对处在各自控制领域的列车办理进路或取消等相关功能；数据通信系统主要用来实现列车运行控制子系统间的数据交互传输。

CBTC系统的车地无线通信主要连接车载设备和地面设备，实现列车与地面之间的数据通信功能，其性能的优劣直接影响CBTC系统能否安全可靠地控制运行。CBTC系统中的车地无线通信系统主要用以承载CBTC业务、图像/视频监控（IMS）业务、乘客信息系统（PIS）业务等。

从CBTC系统无线通信传输的特点及车地无线通信所要承载的业务来看，如今互联网及无线局域网的发展日趋加快，为了满足运行列车能实时获取安全可靠的控制信息，无线通信系统传输要求具备高安全性、高可靠性、高实时性，同时必须满足视频等业务需要的高传输带宽要求，发挥最大的运营效率，CBTC系统车地无线通信必须具有强大的干扰抑制能力。

在城市轨道交通复杂的环境下，无线信号干扰是影响CBTC系统性能的一个主要因素，全面考虑无线干扰对CBTC系统车地无线通信的影响，分析降低干扰的措施，研究有效的干扰抑制方案并进行验证，从而指导应用环境进行无线通信网络的规划与优化设计，避免列车存在安全隐患，更好地保障CBTC系统稳定的通信质量，实现列车安全、可靠、高效的运行。因此，基于CBTC系统的车地无线通信干扰抑制研究已经成为急需重点关注的核心和热点话题，对于进一步完善和提高CBTC系统的安全可靠性具有至关重要的指导意义。

二、基于TD-LTE的车地无线通信系统及其覆盖方式

LTE是由第三代合作伙伴计划（3GPP）组织制定的通用移动通信系统（UMTS）技术标准的长期演进而来，为了满足显著降低时延的要求，即降低控制面时延和用户面时延，对空中接口无线帧长度及其网络结构进行了调整。LTE系统基于正交频分复用（OFDM）和多输入多输出（MIMO）等关键技术。TD-LTE是LTE标准中的时分双工（TDD）模式，TD-LTE系统显著提高了频谱利用效率和数据传输速率，在20M带宽下，上行峰值速率为50Mbit/s，下行峰值速率为100Mbit/s，并支持1.4、3、5、15、20MHz带宽等多种配置，

为无线通信网络提供高传输速率以及稳定的传输质量。

LTE系统的网络架构包括核心网EPC、接入网E-UTRAN和终端（UE）三部分。信令处理部分为移动管理实体（MME），数据处理部分为服务网管（S-GW）。

综合承载业务的TD-LTE系统网络架构中，LTE的EPC设备及其网管设备都部署在控制中心子系统。TD-LTE系统与地面服务器、传输骨干网、车载服务器等设备进行信息交互。TD-LTE网络承载业务采用A/B双网冗余的组网方式，连接基带处理单元（BBU）和射频拉远单元（RRU）实现全网漏泄电缆覆盖。列车首尾各自安装一套TAU和车顶天线，分别连接交换机、视频监控器以及液晶显示器等车载设备。

基于TD-LTE网络的无线覆盖方式主要分为两类，即车站及区间的漏泄电缆覆盖，车辆段的天线覆盖。

1.漏泄电缆覆盖

漏泄电缆既能作为传输媒介又能当作辐射天线，因此列车车载设备可以接收到通过漏泄电缆泄漏出来的信号。同理，车载天线发送的无线信号反向传入漏泄电缆，实现了CBTC系统车地之间无线信号的双向交互传输。

2.天线覆盖

天线覆盖主要利用轨旁区域控制设备将移动授权信息、状态信息、控制命令等发送到轨旁AP，列车通过车载天线实时接收AP点信息，将接收到的无线信息或命令上传至车载ATP和ATO进行处理计算，并根据计算结果控制列车行进；为了交互信息，车载ATP和ATO将列车的运行速度和位置信息等实时传送至轨旁AP，再由无线AP将上述信息传送至车站轨旁区域控制设备和控制中心ATS，从而实现行车信息的实时更新及车地之间的双向连续传输。

综上所述，将TD-LTE技术应用于城市轨道交通CBTC系统车地无线通信传输业务中，在安全性、稳定性、支持高速移动性、抗干扰能力、系统结构简化等方面都更能满足高速发展的城市轨道交通业务需求。

三、TD-LTE的车地无线通信干扰抑制

城市轨道交通CBTC系统车地无线通信主要采用TD-LTE技术，由于TD-LTE频段资源的有限性，为了节约资源，TD-LTE系统采用同频组网的方式。如果在相同的时间内存在多个工作站或者小区同时占用信道发送数据帧，此时信道的吞吐量将大大减少，传输速率明显下降，通信质量大大降低，因此，相邻小区间的干扰将成为影响TD-LTE系统性能的一个主要因素。

ICIC技术通过改变小区的复用因子和控制功率来实现干扰控制，成本较低，应用灵活，因此该技术也是小区间干扰抑制技术的重点研究方向。由于基于TD-LTE技术的CBTC系统车地无线通信频段资源有限，无线网络TD-LTE采用同频组网的方式，所以频

率复用因子为1，因此实现小区间干扰抑制的效果就需要在此基础上采用功率控制的方法。由于SFR小区中功率密度门限的限制，小区中心用户的发射功率不能高于功率密度门限值，所以其覆盖范围较小，路径损耗也会相对较小，所以小区中心用户的通信质量不会受到较大的影响，通过功率控制能够减小相邻小区的同频干扰。为了避免干扰以及路径损耗的影响，小区边缘用户的发射功率高于中心用户的发射功率，覆盖范围较大，路径损耗较大，因此不可避免地对相邻小区造成干扰。

为了避免因为发射功率较大造成对相邻小区的干扰，此处提出了一种基于软频率复用的动态频谱分配算法及功率控制的干扰抑制方案，改进的小区间干扰抑制方案的仿真流程为：系统初始化→相邻小区及用户位置生成→基于SFR的动态频谱分配算法分配资源→功率控制参数选择→信干噪比和吞吐量计算→频谱效率计算→结束。

改进的小区间干扰抑制方案，主要目的是解决小区间的同频干扰问题，通过对功率控制参数、SINR、小区吞吐量、频谱效率的改善，从而进一步提升TD-LTE系统的服务质量，提高小区的信息传输速率及吞吐量，降低小区间干扰。

第六章　无线通信技术在智能电网中的应用

随着我国科技与经济的不断发展，信息技术等先进技术开始作用于各个领域，其中无线通信技术的利用最为广泛，它具有低成本、便捷度高、覆盖面积广、灵活性高等优点。智能电网的研究与应用是当前电力公司主要的工作内容之一，既关系着电力企业的发展，更关系着人们的日常工作与生活。在智能电网技术中，人们利用高效的信息通信技术，为电网的各个节点和设备部署传感设备、控制设备及检测设备等，通过引进先进的电网管理系统，实现电网的智能化发展。因此，加强无线通信技术在智能电网中的应用的研究至关重要。本章主要探究智能电网无线通信技术、光载无线技术在智能电网中的应用以及智能电网系统的应用与模型。

第一节　智能电网无线通信技术

一、智能电网无线通信技术认知

“近年来，全球的能源结构与格局正在产生深刻的变革，智能电网的建设受到越来越多国家的关注与研究。随着中国电力能源结构及电力需求的改变，中国的传统电力系统无法完全满足新时期的电力需求，因此在建设智能电网时它就被赋予了历史使命，智能电网要建设成可视化、统一化、数字化、自动化的综合性电网。”

1.智能电网的总体目标

（1）加强电网安全性、可靠性　电网对于传输的安全性、可靠性具有较高的要求，这是因为电网需要无时无刻为其他领域提供电力，智能电网应当进一步加强电网的安全性和可靠性，实现在干扰情况下还依然能够正常运作，不会出现断电现象。

（2）为用户提供安全保障　普通电网会受到外界环境以及网络攻击的干扰，造成断电、停电等现象，这不仅会影响用户的体验，还会对用户的安全造成威胁。

（3）建立环境友好型的智能电网　随着社会的不断进步，我国的生态系统已经遭受严重破坏，智能电网在开发过程中必须秉持可持续发展原则，建立环境友好型智能电网。因为发电、配电、输送都会对环境造成一定的影响，所以智能电网应尽可能地减少资源的占用。当然，安全性原则绝不能够受之影响，智能电网必须在保障工人生命财产安全的情况下进行开发。

2.智能电网的基本特征

（1）实现自我评估　智能电网是典型的自愈电网，所谓的自愈电网实质上是指可以持续自我评估并能够进行预判的电网。自愈电网能够提前预测可能出现的问题并及时纠正，此网络结构最大的优势就在于进一步提升了电网的可靠性和安全性。自愈网络可以有效地避免断电现象，通过自我评估系统以及依赖于决策支持算法的纠检错系统，对大量数据进行处理，保障电网的安全、稳定运行。

① 智能电网能够对风险进行评估，及时做出调整。

② 自愈电网能够完成应急分析，对于电网所遇到的一系列问题，快速进行分析并及时做出回应。

③ 智能电网还能够完成远程的故障排查、分析，通过通信设备对出现问题的电网进行恢复。

（2）提供优质服务　用户在电力系统中占据重要地位，智能电网提倡并鼓励用户积极参与到电力系统的维护、管理中，因为用户是电力系统的重要组成部分，用户的需求实际上是一种十分有效的资源，这种具有可管理性的资源不仅能够调节电力的供求关系，还能够进一步提升电力系统的稳定性、完整性。电力消费无疑是用户的一大重要支出，智能电网通过让用户参与电力管理、维护的方式为用户提供更为优质的服务。

（3）抵御外界攻击　电力的传输容易受到外界的干扰，普通电网在受到网络攻击或物理攻击后，会立即出现断电现象，这样就会影响用户的体验。智能电网最大的特点在于能够抵御攻击，此特性对电网发展具有重要意义。由于智能电网不会受到外界攻击的影响，因此极大地降低了出现断电的概率。

（4）提升电能质量　电能质量直接会影响到用户的体验，因此，提升电能质量对于电网发展而言显得尤为重要，衡量电能质量的指标主要有突升、频率偏移、谐波、三相不平衡等。随着科技的不断进步，电子设备在生活中的使用频率越来越高，而电子设备对于电能质量提出了更高的要求，因此电能质量会直接引发众多社会问题，智能电网能够基本满足人们对电能质量的需求，在电能质检标准下对电能质量进行分级，因为不同场合、不同群体对电能质量的需求有所不同。

电能质量引发了众多社会问题，为了减少电能质量所带来的一系列问题，智能电网对此提出了以下解决方案。

① 智能电网通过全方位监控影响电能质量的干扰项，应用先进的超导体技术来减轻电能质量事件，凭借材料、存储等优势提升电能质量。

② 智能电网采用了一系列先进的管理手段，通过资源的合理配置降低负载对电网性能的影响。

③ 智能电网携带有移动监控系统，能够及时发现电力网络所存在的问题并进行解决。

④ 滤波对于电网运行也具有重要意义，滤波器的正确选用能够解决电能质量问题。

（5）允许系统接入　智能电网具有较强的兼容特性，兼容性主要指允许不同类型的系统接入到电网内部，联网的过程逐步被省略，即插即用是未来电网发展的一大趋势，这也对电网的性能提出了更好的要求。不同系统的电压、储能、输电均存在一定的差异，而智能电网能够将其互联，形成密不可分的整体，便于电网的管理、运行。

（6）促进市场发展　随着社会的不断发展，智能电网将会在电力市场中占据主导地位，因为智能电网使用了先进的通信电子设备，性能均优于普通电网，在市场中极具竞争力。电力市场的基础设施建设对电网的可持续发展起着决定性作用，市场的经济状况、供求关系也会对电力系统的发展产生众多影响，智能电网的出现为电力市场注入了新的活力，极大地推动了电力市场的蓬勃发展。电力价格也需要适当进行调整，用户在体验过程中，只有感受到价格上涨后，才能降低对电力的需求，节约成本，创建环境友好型智能电网。

3.智能电网的技术组成

第一，高级量测体系。高级量测体系主要面向用户，用户可以通过平台观测到电网的运行情况，从而获取实时信息，量测体系中主要囊括电表、计数器、通网等，此技术为用户获取数据提供了便利。

第二，高级配电运行。配电是电网运行过程中非常重要的环节，智能电网采用自动化的配电装置，不仅保障了电力传输的稳定性，还达到了自愈网络的要求。

第三，高级输电运行。电力输送是电网运行的核心，智能电网实现了变电站建立、位置信息采集的智能化、自动化，高级输电运行有利于电网的管理。

第四，高级资产管理。为了实现电网的可持续发展，智能电网采用了高级资产管理技术，此技术能够合理配置资源，对配电网络进行优化、升级，凭借大量的传感器收集有效信息，最终实现电网的有效管理。

4.智能电网的用电服务

智能电网是能源和信息互融带来的产物，从而深刻地改变了传统的用电服务。比如，网络和终端自助服务将取代传统的柜台人工方式。而且社会的发展也使得人们的服务需求越来越个性化和多样化，这也为增值服务的产生提供了条件。智能电网建设中的一个关键环节就是用电服务环节，它是直接面向社会和客户的一个环节，也是将智能电网建设成果展现给社会各界的主要手段，在智能电网中有着不可取代的地位。

电网公司是在智能用电的基础上采用了双向互动、高级量测体系、分时电价以及数据采集等方法来促进用户有序用电，对用户的用电方式予以了改进和完善，让电能终端能源消费比重有所提升，有利于能效改善、削峰填谷以及节能降耗目标的达成。

随着能源发展战略的深入调整和低碳经济策略的转变，为中国的资源节约型和环境友好型社会建设带来了非常有利的条件，有效促进了其绿色能源的比重提升，并显著地改善了用电服务的内部环境，为此也对传统用电服务提出了新的要求，使得用电服务在面临更多挑战的同时也带来了新的机遇。

随着智能电网的发展，使得传统的用电服务形态、用电服务内容以及服务领域都得到了不断的拓展，此外，用户的服务需求也有所转变。智能用电服务体系是基于智能电网基础上采取智能用电服务组织管理和标准，并通过通信和安全保障体系在智能用电信息共享平台上进行信息交换的一种体系，这一体系的完善能够更好地满足电力用户的多样化、个性化以及智能化的服务需求，加强和电力用户之间信息流、能量流、业务流的交流互动，从而促进了用户服务质量和效率的提升。

智能用电服务技术支持平台的基础应用系统由用电信息采集系统和用户用能服务系统组成，主要是进行采集和监控智能用电服务相关信息工作；专业应用系统包括了分布式电源管理系统、充放电与储能管理系统以及智能量测管理系统，主要是进行用电服务不同领域的专业管理工作；综合业务应用系统包括营销业务管理系统，主要是进行智能化的营销业务管理和综合应用等工作，这也是智能用电服务技术支持平台的核心部分。

二、智能电网无线通信技术应用

互联网和信息技术成为当前社会技术进步最为明显的领域之一，信息技术已在社会经济的多个领域得到运用，带动了社会实现信息化变革。信息化与电网系统相融合，就使得智能电网实现快速发展。在智能电网技术中，人们利用高效的信息通信技术，为电网的各个节点和设备部署传感设备、控制设备及检测设备等，通过引进先进的电网管理系统，实现电网的智能化发展。

目前，我国已在智能电网的建设中取得了一系列重大成果，最终将实现电网的安全化、高效化、绿色化与智能化发展。智能电网技术的应用领域主要有以下方面。

1.自动检查

在电力传输的过程中，需要经过漫长的传输线路，经过大量的节点与设备，因此，电网检查是一项关系电网安全的重要工作。传统的电网检查需要投入大量人力，但借助智能电网建设，人们可以通过智能设备传输的远程信息，实现远距离的电网检查。电网检查人员借助监控网络，能够及时对输电网络与供电网络实现监控。同时，由于智能检查设备具有高度的灵敏性和自动化能力，不仅可以实现对电网的自动检查，也可以在电网出现隐患时及时做出响应，实时传输信息，确保工作人员在事故发生前采取应对措施。

2.自动寻找

通过智能电网的建设，相关电力应用企业可以利用自动化监测和管理系统，及时查找供电网络中存在的问题，并向输电网络及时进行反馈。运用智能电网技术，电网可以为企业进行供电设备和供电线路的优化选择，保障供电的高效、便捷、经济。智能电网的自动寻找功能，能够帮助管理人员对供电网络实施监控，并能够自动纠正相关人员在电网中的错误操作。通过智能设备的监控可以为电网设备的安装、维护和管理增加一道智能化安全保障，为供电网络的稳定运行做出贡献。在智能设备的帮助下，工作人员可以第一时间发现问题，并获得问题的信息，提出有针对性的解决方案。

3.输电配电

在输电配电环节，智能电网也将发挥很大作用。智能化的输电配电，可以使设备的工作效率进一步提高，让工作更加简易、便捷，方便人们进行维护和管理。在输电配电环节加入智能设备，可以有效实现对电力系统的监控。同时，智能电网与目前的特高压技术相结合，将提升输电的安全性与稳定性。智能化输电配电技术的应用不仅可以节约远距离电力运输的成本，也能在配电环节提升电力资源利用效率，从而为能源节约、环境保护做出贡献。

4.分布式发电储能技术

目前，电力生产的节能化与环保化已经成为全社会关注的重点，其中发电厂的绿色化生产是实现电力系统优化发展的核心环节。只有做好发电厂的节能工作，才能让电力系统的环保水平迈上新的台阶。分布式发电储能技术的应用将对电力生产环节的绿色生产起到关键作用，分布式发电储能技术主要是通过对太阳能和风能等清洁能源的利用，实现分布式电力生产。清洁能源发电融入电网体系后，将会大幅度提高电力网络中绿色能源的占比，从整体上减少了电力生产的碳排放数量。

分布式发电储能技术既可以丰富能源的构成结构，对环境保护和节能减排做出重要贡献，也将进一步提高全社会用电的安全性。更重要的是，分布式发电储能技术可以改善能源构成，提高能源利用率，缓解我国能源供应紧张的现状。但目前清洁能源的开发成本依然较高，同时受到大自然环境的影响，发电效率存在不够稳定等问题的制约，因此，人们对于分布式发电储能技术，还需要进一步加强项目开发和技术革新。

5.完成智能电网项目评价

构建智能电网，需要建立与之配套的电网评价体系。科学、有效的评价体系是智能电网获得进一步发展的基础，可以更好地保障智能电网的运行效率。在进行智能电网评价时，电力生产和输送系统需要建立完善的评价指标和评价方法，从各个方面评估智能电网设备、体系和管理方法的有效性，并能够对智能电网的各个工程环节的质量做出科学判断。其中最重要的是完善评价指标，通过各项标准，真实反映智能电网的运作情况，尤其是要通过这些指标，发现目前智能电网建设与管理中存在的问题，并针对这些问题进行研发创新和方案制定，这可以使智能电网技术获得快速进步，最终保障智能电网的顺利运行，提高相关企业的社会、经济效益。

6.应用高速双向传输技术

智能电网的建设与运行，需要先进的通信技术和网络给予支持。目前，高速双向的信息技术可以有效实现对智能电网各个环节数据的收集与反馈，确保管理者能够及时掌握电网信息。要想建立智能电网的信息传播体系，需要相关企业建立相关的控制中心和大数据管理中心，利用先进的通信技术保障电网能够及时完成自动化检测和信息反馈。通信技术的发展，进一步带动智能电网技术的发展，使电力网络的信息化建设得到深入扩展。

7.应用智能固态表计

智能固态表计的主要作用是智能化反映电网中的各个设备的运行信息。同时，智能固态表计也可以更为精准地判断用户使用电力的数量和费用，切实保障电力使用者的基本权益，保障终端用户的用电安全。智能表计也具备更高的防窃取功能，可以防止窃电和私自修改电表的行为，对于用电环节出现的各种问题，也能快速进行反馈，帮助供电单位及时发现问题、解决问题。智能固态表计的另一项功能是保护电气元件，使电网中的各个单元的通信工作顺利进行，进一步加强输配电网络的稳定性。如果某个环节出现问题，智能化的固态表计就可以及时对其他部分进行保护，使故障损失降到最低。

8.应用大容量储能技术

电力能源的主要缺陷是不易于存储，因此，研发和应用大容量储能技术是未来电气工程的一大重要课题。为了提高电网供电的可靠性，电力企业有必要在大容量储能技术上加大投入力度。为了应对目前普遍存在的用电高峰和供大于求等问题，智能电网的建设需要与大容量储能技术结合起来，进一步实现电力资源的高效、合理配置。

第二节　光载无线技术在智能电网中的应用

“光载无线接入技术是使用光纤链路来传输微波、毫米波信号，属于混合光无线接入技术，此技术一经问世迅速成为国际学术界研究的热点。”光载无线技术（RoF）将光纤通信与无线通信相融合，该技术最突出的一个特点就是通过光纤链路来传输模拟信号，与普通的光通信链路不同，RoF链路是用模拟信号来调制光波，从而得到简单的远端天线结构和大范围的无线信号覆盖。下面主要介绍WiFi技术原理。

RoF技术的无线部分大多是采用基于无线保真技术（Wi-Fi）网络。Wi-Fi可以让互联网在相应的范围内接入无线电信号，属于非远程的无线传输技术。Wi-Fi网络的构成需要两部分，其一是移动终端（STA），其二是（ESS）网络，Wi-Fi网络的拓扑结构既可以采用独立基本服务集（IBSS）网络，又可以采用扩展服务集（ESS）网络。基本服务集块（BSS）组成了Wi-Fi网络的拓扑结构，站点可以在BSS的覆盖下实现直接连接并进行自由移动，若有站点超出BSS的覆盖区域便只能与其他站点进行间接地连接。

独立基本服务集结构中包含了无线基础设施骨干，可以实现点对点连接。IBSS模式可以让多台电脑之间实现无线通信，因为它具备两个以上无线站点，可以快速地形成无线局域网。不过IBSS并不具备中继功能，所以无线站点要分布在可以进行直接通信的范围中。扩展服务集中不仅包含了分布式系统（DS），还包含了基本服务集（BSS）。即使BSS和DS之间相隔了很远的距离，它们也可以进行连接。此外，分布式系统可以通过不同的技术手段连接网络，有着更好的灵活性。

一、光载无线技术的特点及其优势

1.多制式信号混合传输

电力光载无线系统是一种承载网络，它可以实现四网融合，但需要注意多种制式混合传输的问题。RoF系统能够大幅度降低网络设施建设成本，因为它可以利用副载波复用将不同制式的信号，如2G/3G/4G和Wi-Fi等信号在一个光载波上进行加载和传输。此外，RoF的中心控制机制采用的是分布式天线网络，能够在监控无线信号的同时得到网络的业务流量和运行状态，然后中心局就可以按照不同的业务流量，将不同的时隙资源、光波波长资源、功率及微波频率分配给不同的小区，这样既能够充分利用资源，又能够提高网络效率。

系统的中心局除了要依靠SCM-WDM的2G/3G/4G/Wi-Fi混合传输光载无线分布式天线系统结构，还要依靠宽带直调激光器，它可以将Wi-Fi（802.11g）信号、2G（EDGE）信号、3G（WCDMA）信号及4G（LTE-FDD）信号提供给不同的分布式天线单元。中心局会利用波分复用（WDM）向不同的分布式天线单元发送信号。

WDM复用器可以将不同波长的信号进行汇总，然后集合到一根长为5.1km的光纤后，再由另一个WDM复用器将信号进行分割，最后输送至各个远距离的端口。远端天线单元是由多个低成本的光电收发器组成的，其内部结构与CO收发器如出一辙。在输送信号的过程中，会经历上行链路和下行链路，其中，多个无线信号在被光电收发器释放后经过下行链路，再经过天线传输至无线信道，最后应用到手机或电脑中。而上行链路主要是将收集到的信号输送至光载波上，通过光纤传至中心局。在WDM及SCM共用的结构下，一个中心局可以面向多个远端天线单元RAU提供服务，在节省光纤带宽资源的同时大大降低了耗能成本。

2.资源最大程度地利用

传输用户用电信息、智能家居业务及宽带接入业务都是电力光载无线网络要负责的业务，因此有时就会出现潮汐效应，出现业务量不能均匀分布的情况，这时可以通过灵活调整Wi-Fi资源来解决。RoF系统可以灵活地运用资源，系统会在中心局集中处理不同的信道和业务信号，通过光纤为不同的远端天线单元传递信号。RoF系统可以联合处理不同小区的多信道无线信号，而这则得益于它的中心处理机制。

若要保证通信系统的高效性和灵活性，就要对时隙资源、频谱资源和功率资源进行充分的利用。中心局可以帮助系统对不同小区的时隙资源、频谱资源和功率资源进行统一的控制。不同小区的信道使用情况会汇集到RAU，RAU会根据不同小区的业务需求量调整资源，以保证资源的充分利用。

无线信号的产生、路由控制及电光转换都由中心局负责。系统可以利用四个直调激光器将四路WiFi信号输送到光波上。一个4×4的宽带射频光开关可以调度四个不同的光波资源。四个远端天线单元既能够监控无线信道的使用情况，还可以收集和发送无线信号。中心局会按照RAU收集的无线信道信息调整资源。该系统的运行模式有3种：全开模式、节能模式和对抗潮汐效应模式。

全开模式开启四路Wi-Fi信号，每路信号只为一个RAU提供服务。节能模式开启的光电收发模块和Wi-Fi信号都只有一个。光载波传输的信号会通过光开关矩阵被传递到四个RAU上，因此，当覆盖面积不变时，系统会使用更少的设备运行，从而达到节能的目的。对抗潮汐效应模式会根据不同小区的业务量来调整Wi-Fi信号。

3.光载无线技术的优势

第一，频谱利用率高。系统的调制格式决定了宽带的成本。一般情况下，无线系统的调制技术可以最大限度地提高带宽的利用率。光纤通信系统在当下已经有了100Gbit/s的数据传输速率。

第二，具有集中管控的能力。RoF系统在中心局的帮助下不仅可以处理信号，还可以完成高层协议的转换。此外，它还可以集中处理不同的资源。

第三，RoF链路的传输透明。模拟信号可以通过RoF链路进行传输，该链路可以更便捷和低成本地更新和升级通信系统，这非常符合通信系统在未来的发展需求。

第四，布网灵活，覆盖范围大。RoF系统采用的远端天线不仅有着简单的结构和更小的体积，其成本也更加低廉，所以其结构会呈现出分布式的特征，可以按照业务需求布置远端天线。

第五，支持多制式信号混合传输。RoF系统可以利用副载波复用将不同制式的信号，如2G/3G/4G和Wi-Fi等信号在一个光载波上进行加载和传输。WDM复用器可以用一根光纤将不同波长的信号进行汇总和传输，再由另一个WDM复用器将信号进行分割，然后输送至各个远距离的端口。

二、光载无线技术在智能电网中的应用场景

1.智能抄表

由于电力系统中数据量大、粒度大、分布分散，因此对数据采集系统网络的实时性和准确性提出了更高的要求，以电网公司独特的电缆进户优势，未来智能电网必然朝着建设匹配该网架构的用户采集网络方向。利用Rof技术,可以有效地、最大化地发挥电力光纤的能量，对多颗粒的电能信息进行全方位的感知和收集。

在智能抄表系统中，采用RoF技术抄表时，必须考虑到新老小区结构的不同，已使用数年的老小区，其改造工程难度大、造价高，必须充分利用现有的资源，以达到有效的数据采集和信息收集。而对于将来的新小区，则可以采用更灵活、更先进的方案实现高速的采集。

2.智能充电桩

由于电动汽车的数目越来越多，为电动汽车进行充电的充电站和充电桩数目也越来越多。但是，充电桩存在数量大、分散性分布、无人管理等问题。因此，要想实现无人管理分散在各地的电动车充电基础设施，可将光载无线技术应用于充电桩的管理与信息收集中，使充电桩与数据中心实现无线通信，Rof技术就能轻松简单且灵活地实现这项任务。

借助RoF系统，供电公司控制中心可以对充电站进行远程监控，包括使用者验证、启动和停止指令、传输用户资料、信用卡支付程序等；充电站还能将机器的状态、充电信息、计费信息等资料实时反馈给控制中心。另外，RoF技术还可以帮助控制中心对充电桩进行远程视频监控，对由于故障造成的设备关机进行远程管理和侦测，并及时检测出由于损坏造成的异常情况，如果出现人为损坏或窃电现象，则由RoF系统进行遥控，让充电桩处于停工状态，直到人为的危害停止，才能继续工作，从而将人为损坏造成的损失降至最低。该系统不仅可以确保大量充电桩与控制中心的重要信息之间的实时传递，还可以对充电站的运行状况进行监测，从而增强充电设备的安全性。

3.智能家庭

智能家居系统方案采用RoF技术，在各个家庭中设置AP，可以实现无线信号覆盖、智能用电、家庭传感器控制、家庭安全监测等功能，让每一户人家都有一台智能的互动终端。RoF技术可以控制各种家用电器的电量，控制家庭传感器的运行，查看水、电、煤气、天然气等消耗数据，以及进行流量的监测。伴随智能家电的不断发展和技术的突破，未来还有很多功能亟待开发，其终端能够成为用电公司与用户之间联系的接口。智能家居系统主要包括下列组件。

第一，智能家电板块：通过智能插座，它可以将家电连接到智能家居的网络，也可以将家电连接到Wi-Fi上，让家电和智能终端直接连接，从而达到对家电的实时监测和远程操控。

第二，家用安防检测模块：由烟雾检测、温度检测、煤气泄漏检测等模块组成，通过无线网络与AP进行通信，一旦发生异常，可以及时报警，并能通过智能互动终端进行实时监控。

第三，安防监测模块：在家里装上一个无线摄像机，摄像机可以通过Wi-Fi信号和家里的AP进行通信，并能在手机上登录随时进行监控，从而保证家庭的安全。

第四，家庭三表模块：家庭三表（电表、水表、煤气表）都可以通过天线和无线网络进行通信，用户可以通过互动终端对家庭的水、气、电使用情况进行实时的查询。

第五，智能互动终端：它是电力公司与使用者之间的一个连接界面，能够对系统的各部分进行管理与控制，实现了对家用电器的监控、三表信息的查看、家庭的实时监控。使用者可以在室外使用手机等移动电子产品进行登陆，并随时进行家电的管理。

4.智能小区

随着人类生活水平的不断提高，对居住环境的智能化要求也在不断提高。智能电网通信技术是一种新型的通信技术，依附于光载无线技术，它不仅可以对智能电网进行有效的采集，还可以实现小区高速的无线网络覆盖，为小区提供大量的智能应用，从而提升小区的智能化程度。在分析了智能小区的需求基础上，根据光载无线通信系统的结构特征，提出了在智能小区中使用RoF系统的具体实施方案。

（1）小区监控与管理　为了提升小区的安全系数，通常在小区里都会设置多个摄像头来监视小区的运行状况，在这个系统中，可以选择使用一个无线摄像机，摄像机可以利用Wi-Fi信号和远端天线连接，并将所得到的数据实时反馈给小区的监控室，从而实现分布式摄像头监控，以解决布线问题带来的困扰，并能对小区进行实时监测。

（2）小区电动汽车充电　随着电动车数量的增加，为小区里的居民提供便捷、快速的充电服务显得尤为重要。在智能小区的设计中，RoF系统所设计的智能充电桩是基于光载的无线系统，能够在电动车的充电过程中保证其安全性、便捷性、智能化及节省人力消耗，并且能够借助Wi-Fi与小区的数据中心实现高速的数据传输，既减少了线路带来的麻烦，又节省了大量的人力。

（3）小区智能车位管理　RoF系统应用于智能小区的方案，其中RFID技术与光载无线技术之间的结合，能够实现小区停车场的智能化车位管理。小区居民用户的停车证件可以使用 RFID标识，而小区外的临时车辆进小区则可以使用 RFBD标识替代收费凭证。该系统采用 RFID读卡机，从而对进出车辆进行智能计时和计费，结合 RFID的精准定位技术，对小区内的车辆进行准确的定位，并将位置信息发送给RoF远端的天线，经处理后显示在小区门口处的大屏上，方便进出的居民快速查找。利用无线通信技术建立智慧小区，并结合 RFID的成熟技术对小区进行无线管理，提高小区的管理水平、安全监控水平，为小区居民的停车、车辆充电等功能提供更便捷的服务。

第三节　智能电网系统的应用及模型

一、智能电网系统应用

1.系统管理运行状态

智能电网中的节点数量增多，使得电网的数据调度工作更加复杂，对电网进行大规模、全过程的控制、分析和计算都将更加智能化。其中，EMS系统负责控制管理，SCADA系统则负责为用户提供实时的数据，进行数据采集及监控，通常在1200bit/s到9600bit/s之间。TMRS计量系统应基本具备传统的计量功能，同时还要具备分时段累积、双向计量等多种功能，还要配合其他统计分析的智能子系统。SIS是一种重要的信息管理系统，它主要负责对社会公众的信息数据进行处理，因为要开放信息，所以需要对公众进行安全隔离防护。

2.需求侧管理

大部分的电力系统都是基于不灵活的需要而运作的，几乎所有的控制、监控和反馈都是在发电和输送环节完成的。根据这个公众普遍接受的原理，电力的零售价格一般不会改变，而是根据一个较长时期的平均价格来确定。需求侧管理主要有以下两个方面：

第一，供电公司。他们尽力去满足市场的需求，以避免供求失衡，保持供求关系。为满足电力的真正供求关系，要对电力的容量进行预估，以最大限度地提高销售电力的收益，避免因电力供应不合理或断电而遭受损失。

第二，使用者。管理用户的目的是最大限度地利用电力资源。通过对负荷的管理和控制，可以实现对电网的均衡使用，改善需求的弹性缺陷，同时实现对电力消费的响应与动态的电力分配同步进行。因此，需求响应管理能够有效地完成电网的调度，成为电网运行效率和可靠性的重要组成部分。

二、智能电网系统模型

1.电力负载响应

通常情况下，使用者的目的除了有减少等候时间外，还会有各种不同的需求。本书将利用微观经济学中的效用函数这一概念，对各种设备进行不同的目标建模，以对最大限度地降低能耗和等候费用的结合这一概念进行概括。下面运用效用函数的思想对用户行为进行建模和分析。

假定存在一个电源供应方和多个用电户N，供电方有一个需要回应的控制中心，而用户则可以通过NAN与控制中心进行通信，用户间则是彼此独立的。

对供电公司而言，其目的是通过调节供电以使其效益最大化：

$$Y(p,s)=\max_{s} ps-c(s) \tag{6-1}$$

其中，成本函数$c(s)=a_0s^2+b_0s+c_0$，式中a_0，b_0，c_0为常量，可以进行参数设置，p为电价，s为供电量。

2.通信性能优化模型

通信网，在此是指Wi-Fi。这种网络负责将各种实体连接起来，并实现与能源生产和配送相关的信息的双向流通。所以，在现实中，为了更好地规划能源的效率和消耗，系统的各个功能都需要进行数据的采集与共享，从而对用户使用电力的需求进行预测，估算用户未来的电力需求，以此达到平衡过载的目的，对电力效能及传输应用等多方面进行密切监控。

智能电网有很多功能。例如，该系统能够从人口稠密的居住地、商业区、工业区中采集到大量的用户详细资料；该系统能够让消费者知道电费的最低价，并对其使用时间进行调节，或让其自行安排；客户可以通过使用软件，访问价格信息来决定什么时候需要为其分配的电力供应提供应急电力。需求矩阵中的性能是通过时延和可靠性来决定的。时延指的是整个过程和网络的发送时间，即从发送方发送信息直到接收到消息为止。延迟是终端对终端的测量，而可靠性则是在特定的延迟条件下，信息被成功接收到的概率。

参考文献

[1]聂增丽，宋苗.无线传感网开发与实践[M].成都：西南交通大学出版社，2018.

[2]杨槐.无线通信技术[M].重庆：重庆大学出版社，2015.

[3]冯莉，董桂梅，林玉池.短距离无线通信技术及其在仪器通信中的应用[J].仪表技术与传感器，2007（2）：31-32，38.

[4]屈晓晖，庄大方.GSM无线通信技术在预警GIS领域中的应用模式[J].地球信息科学，2007，9（3）：28-33.

[5]王艳芬，于洪珍，张申等.超宽带无线通信技术在煤矿井下的应用探讨[J].工矿自动化，2005（6）：1-4.

[6]林伟兵，雷声，韦彩虹等.体域网传感器节点和无线通信技术研究进展[J].生物医学工程学杂志，2012，29（3）：568-573.

[7]赵志华，段志伟.基于无线通信技术的温室环境参数监测系统[J].化工自动化及仪表，2014（6）：724-727.

[8]杨湘，王跃科，乔纯捷.蓝牙短距离无线通信技术[J].仪器仪表学报，2002，23（z1）：271-272.

[9]孙忱，郭晓惠，范玉顺.基于无线通信技术的网络连接优化策略[J].计算机科学，2014，41（7）：181-183，205.

[10]魏为民，唐振军.UWB超宽带无线通信技术研究[J].计算机工程与设计，2008，29（11）：2748-2750.

[11]桂冠，王禹，黄浩.基于深度学习的物理层无线通信技术:机遇与挑战[J].通信学报，2019，40（2）：19-23.

[12]张洪，潘丰，徐保国.无线通信技术在集散控制系统中的应用[J].化工自动化及仪表，2003，30（5）：81-82.

[13]楚政，谢飞.超宽带无线通信技术的发展[J].电信科学，2007，23（11）：10-13.

[14]高鹏，陈崴嵬，曾沂等.无线通信技术与网络规划实践[M].北京：人民邮电出版社，2016.

[15]宋爽.面向智能电网信息采集应用的光载无线技术研究[D].北京：北京邮电大学，2014：25-39.

[16]曾亚辉.智能电网无线通信网中的频谱感知技术应用研究[D].天津：天津大
2016：38-48.

[17]杨光，王顺新，李俊喜.无线通信网络的安全问题及防范策略研究[J].网络安全
术与应用，2021（03）：67-68.

[18]张珍芬，申富泰.无线通信技术在智能电网中的应用[J].通信电源技术，2020，37（02）：197-198.

[19]程霞.无线通信技术的发展趋势阐述[J].中国新通信，2022，24（02）：8-10.

[20]郭意，唐涛.浅析移动通信技术中的多址技术[J].四川劳动保障，2016（S1）：153-154.

[21]李士林.智能电网技术现状及发展分析[J].科技与创新，2021（03）：28-29+32.

[22]陈明，谭艳兰.光载无线技术的研究进展[J].桂林电子科技大学学报，2010，30（05）：409-415.

[23]江显群.农业灌溉用水监控技术及实践[M].北京：海洋出版社，2019.

[24]田野.基于ZigBee物联网技术智慧农业大棚的研究[D].唐山：华北理工大学，2020：17-19.

[25]孙树莉.农业物联网构建与发展面临的主要挑战[J].现代农业科技，2022（15）：142.

[26]李道亮，杨昊.农业物联网技术研究进展与发展趋势分析[J].农业机械学报，2018，49（1）：1-20.

[27]高峰，俞立，张文安等.现代通信技术在设施农业中的应用综述[J].浙江林学院学报，2009，26（5）：742-749.

[28]朱创录，阴国富.无线射频技术在农业环境定位系统中的应用[J].江苏农业科学，2015，43（12）：468-472.

[29]刘士光，沈春宝，包长春等.无线通信技术在温室测控系统中的应用研究[J].农业工程学报，2006，22（12）：155-158.

[30]林甄，谢金冶，田硕等.基于农业物联网的无线通信技术实验研究[J].农机化研究，2022，44（6）：188-193.

[31]盛明娅，张淼，张丽楠.RFID在农业中的应用[J].农机化研究，2012，34（11）：198-201.

[32]宋桭宅.LTE-U技术在城市轨道交通车地通信中的应用研究[D].兰州：兰州交通大学，2021：14-15.

[33]王帅.RFID防碰撞算法性能研究[D].南京：南京邮电大学，2020：4.

乓，朱力等.基于LTE的城市轨道交通车地通信综合承载系统[J].都
29（01）：69-74.

术在城市轨道交通车地无线通信系统中的应用[J].电声技术，2022，
-123+128.

雷.LTE技术在城市轨道交通车地通信中的应用[J].建材与装饰，2019（17）：

[37]徐亚顺.基于TD-LTE的城市轨道交通CBTC系统车地无线通信干扰抑制研究[D].
州：兰州交通大学，2018：12-34.

[38]顾蔡君.LTE技术在城市轨道交通车地通信中的应用[J].铁路通信信号工程技术，2018，15（03）：51-56.

[39]许昆.LTE技术在城市轨道交通车地无线通信系统中的应用[J].数字技术与应用，2012（08）：33+35.

[40]董健.物联网与短距离无线通信技术[M].北京：电子工业出版社，2016.

[41]张阳，王西点，王磊.万物互联NB-IoT关键技术与应用实践[M].北京：机械工业出版社，2017.

[42]李晓芹.LTE现代移动通信技术[M].西安：西安电子科技大学出版社，2020.